黄河水利委员会治黄著作出版资金资助出版图书

黄河下游近代河床变迁地质研究

李金都　周志芳　著

黄 河 水 利 出 版 社
·郑州·

内容提要

本书以地质学的视野和观点，借助环境学、土壤学、考古学的研究方法对黄河下游泥沙进行研究，从黄河下游古地面研究入手，提出了黄河下游近代河床泥沙沉积起始界面；以河床变迁为主线，对黄河下游河床变迁及其相关问题进行探索；以黄河下游东平湖为研究对象，探索了通过湖泊沉积物的研究、恢复黄河河床变迁的历史过程；以1855年黄河铜瓦厢改道决口为例，从动力地质作用方面分析了黄河下游河床变迁的内在控制因素，并就埋没在黄河堤防中的历史决口口门的工程勘察方法和渗流控制措施等复杂的具体工程问题进行了研究。通过研究在理论上提出了黄河断代工程的概念。

本书可供地质工程、水利工程、环境工程、地理学等专业的工程技术人员与科研人员及大中专院校相关专业的师生参考使用。

图书在版编目(CIP)数据

黄河下游近代河床变迁地质研究/李金都，周志芳著.郑州：黄河水利出版社，2009.10

黄河水利委员会治黄著作出版资金资助出版图书

ISBN 978-7-80734-736-1

Ⅰ.黄… Ⅱ.①李… ②周… Ⅲ.黄河-下游河段-河道演变-研究 Ⅳ.TV882.1

中国版本图书馆CIP数据核字(2009)第185877号

出 版 社：黄河水利出版社

地址：河南省郑州市顺河路黄委会综合楼14层　　邮政编码：450003

发行单位：黄河水利出版社

发行部电话：0371-66026940、66020550、66028024、66022620(传真)

E-mail：hhslcbs@126.com

承印单位：河南省瑞光印务股份有限公司

开本：787 mm×1 092 mm　1/16

印张：9.75

字数：170千字　　印数：1—1 000

版次：2009年10月第1版　　印次：2009年10月第1次印刷

定价：28.00元

前　言

黄河是中华民族的母亲河，是中华民族的摇篮，她哺育了中国灿烂的古代文明。几千年来，这条桀骜不驯的大河既为中国的政治、经济和文化的发展作出过巨大的贡献，也给中华民族带来过深重灾难。历史上黄河下游改道频繁，黄河有史以来，曾发生过许多次大小规模不同的决口改道，仅西汉以来，黄河大堤决口多达1 500余次，在西起郑州、北至天津、南抵淮河河口的黄淮海大平原上，或北流注入渤海或南迁夺淮入黄海，是一条典型的“善淤、善决、善徙”的河流。20世纪50年代以来，人民治黄事业取得了巨大成就，基本结束了历史上“黄河平均三年两决口、百年一改道”的悲惨局面，黄河的水利资源得到了有效的开发、利用，更好地服务了人类。但是，随着经济社会的迅速发展和黄河流域人口的急剧增加，人类向黄河的索取远远大于黄河本身的供给能力，黄河承载的压力日益增大，正如世上万物一样，河流也是有生命的，维持黄河健康生命是我们义不容辞的责任。

河流同有生命的万物一样也有其生命形成、发展与演变的过程，研究黄河生命的形成、发展与演变的过程，维持黄河健康生命，无论在理论上还是在实践中都有着重要的意义。

河南省郑州市桃花峪到山东省东营市垦利县是黄河的下游。这一段河长约786 km，流域面积20 000多km^2，这段河道的基本特点是：河流水势平缓，河道宽浅散乱，泥沙淤积严重，河床逐渐升高，是世界上著名的悬河。这种高悬在大平原之上的河道，河床很不稳定，主流经常摆动，若突然遭遇大洪水，很容易决口，决口以后，河水居高临下，难以立即堵复，很容易发生河流改道，所以造成的灾害比世界上其他非悬河河流要更大。因此，黄河下游南北两岸修筑了防洪堤防工程，以抵御洪水威胁。黄河下游河道主要由桃花峪至东坝头明清时期的黄河河道、东坝头至陶城铺间近代黄河决口泛滥而行水的河道、陶城铺以下大清河至渤海海口河道等构成。其中，东坝头至陶城铺间的黄河河道是1855年黄河铜瓦厢发生大改道、洪水泛滥而形成的河道，此段黄河以原地面为河床行水而逐渐淤积抬高演变成今天的黄河河床，本书将其称为近代河床。

在黄河下游河床演变研究中，往往选择泥沙为研究重点，以1950年前后为时间刻度，本书以地质学的视野和观点、运用土力学的研究方法并借助环境学、土壤学、考古学的研究方法对黄河下游泥沙进行研究，从黄河下游古地面研究入手，提出了黄河下游近代河床泥沙沉积起始界面、分析了近代黄河下游河道沉积速率；以河床变迁为主线，对黄河下游河床变迁及其相关问题进行探索，把泥沙研究的时间刻度前伸到黄河历史1855年前后，建立了1855年以来泥沙干容重和时间的关系式，丰富了黄河下游泥沙研究的手段；以黄河下游东平湖为研究对象，探索了通过湖泊沉积物的研究、恢复黄河河床变迁的历史过程；以1855年黄河铜瓦厢改道决口为例，从动力地质作用方面分析了黄河下游河床变迁的内在控制因素，并就埋没在黄河堤防中的历史决口口门的工程勘察方法和渗流控制措施等复杂的具体工程问题进行了研究，为黄河科研和工程实践提供基础性资料。通过本课题研究在理论上提出了黄河断代工程的概念，强调通过对黄河生命发展演化过程中自然发生的重大事件在河流沉积物方面记录的某些重要信息的研究，获得河道发展、演化、河流行水规律（包括黄河下游环境演变）等方面的重要结论、重大启示，以更好地进行工程实践。同时，提出了在黄河下游修建用于放淤的人工湖泊、水库，进行淤细（淤积泥沙细颗粒）排清（排放清水），同其他手段相结合共同构建成黄河治沙体系的建议。本书在工程地质、水文、泥沙、河流规划、环境保护、地理学等方面也都有着一定的参考价值。

本科研课题的研究，得到了河海大学、黄河水利委员会、中国科学院武汉岩土力学研究所等高校和机构科研基金的资助，钻探、野外现场试验、室内土工试验、黏土矿物含量测试、工程测量等由黄河水利委员会勘测规划设计有限公司（即原黄河水利委员会勘测规划设计研究院）承担并完成，磁化率测试由中国地质大学古地磁实验室、南京大学环境地质研究所共同承担并完成，稀土元素和重金属测试由中国科学院南京土壤研究所承担并完成，有机质含量、测年由中国科学院南京湖泊研究所承担并完成。黄河水利委员会还提供了治黄著作出版基金，对本项目进行了资助。在此特向提供科研资助的河海大学、中国科学院武汉岩土力学研究所、黄河水利委员会、黄河水利委员会勘测规划设计有限公司、黄河水利委员会勘测规划设计有限公司地质工程院、黄河水利委员会勘测规划设计有限公司科研试验院、黄河水利委员会勘测规划设计有限公司测绘院等高校及机构表示深深的感谢！对承担并完成相关试验与测试任务的中国地质大学古地磁实验室、南京大学环境地质研究所、中国科学院南京土壤研究所、中国科学院南京湖泊研究所等单位表示深深的感谢！在本项目内外业工作策划和实施过程中，还得到了中国工程院刘光润院士，黄河勘测规划设计有限公司李文学董事长、李清波院长、王宝成院长、曹天一副院长，中国科学院武汉岩土力学研究所李海波研究员，中国科学院南京湖泊研究所吴艳宏研究员，中国科学院南京土壤研究所朱建国研究员，南京师范大学地理学院杨浩教授，中国科学院南京地理研究所羊向东研究员的帮助，特表示深深的感谢！本书还引用了马国彦、尹学良、叶青超、熊文林、喻宗仁等已有的研究成果，在此也特向所有引用资料的原作者表示深深的感谢！

黄河可研究的内容博大精深，黄河下游地质可研究的问题还有很多，本书只是围绕黄河下游河流改道、河流变迁这一主线，从地质学角度对其进行研究，由于时间仓促，加之水平所限，书中错漏之处在所难免，敬请读者批评指正。

作　者

2009 年 3 月

目　录

符号表

Q_{ui}:($i=1,2,3\cdots$)	泥沙沉积速率个值
RMF:	随机－模糊统计方法
D_{i1}:	Q_{ui}关于模糊集合 $\boldsymbol{A}$ 的核点 $\overline{Q}_{um}$的马氏距离
d_i:	所划分的各组平均粒径
d_m:	泥沙样品的平均粒径
P_i:	各组泥沙在整个沙样中所占质量百分数
$d_{\max}$:	横坐标(d)上定出各组泥沙的上限粒径
$d_{\min}$:	横坐标(d)上定出各组泥沙的下限粒径
d_{16}:	级配曲线上相应于 $P=16\%$ 的粒径
d_{50}:	级配曲线上相应于 $P=50\%$ 的粒径或中值粒径
d_{84}:	级配曲线上相应于 $P=84\%$ 的粒径
d_{90}:	级配曲线上相应于 $P=90\%$ 的粒径
d_{30}:	级配曲线上相应于 $P=30\%$ 的粒径
ψ:	拣选系数,表示沙样的均匀程度
σ_y:	不均匀系数,表示沙样的不均匀程度
ρ_d:	沙样的干容重
$P(r')$:	粒径 r 的分布密度函数,r'为粒径自变量
D_g:	河流泥沙粒度的分维
$B^{1/2}/h$:	河段宽深比
y_0:	临河堤脚承压水头
H_4:	临河堤脚承压水位

1 概 述

1.1 选题及其意义

黄河发源于青海省巴颜喀拉山北麓，流经青海、四川、甘肃、宁夏、内蒙古、山西、陕西、河南、山东等九省区，在山东省东营市垦利县注入渤海，流域面积达79.5万 km^2，全长5 464 km。

黄河是中华民族的母亲河，是中华民族的摇篮，她哺育了中国灿烂的古代文明。几千年来，这条桀骜不驯的大河既为中国的政治、经济和文化的发展作出过巨大的贡献，也给中华民族带来过深重灾难。

20世纪50年代以来，人民治黄事业取得了巨大成就，基本结束了历史上“黄河平均三年两决口、百年一改道”的悲惨局面，黄河的水利资源得到了有效的开发、利用，更好地服务了人类。但是，随着经济社会的迅速发展和黄河流域人口的急剧增加，人类向黄河的索取远远大于黄河本身的供给资源，黄河承载的压力日益增大，正如世上万物一样，河流也是有生命的，维持黄河的健康生命是我们义不容辞的责任。

河流同有生命的万物一样也有其生命形成、发展与演变的过程，研究黄河生命的形成、发展与演变的过程，无论在理论上还是在实践中都有着重要的意义。

河南省郑州市桃花峪到山东省东营市垦利县是黄河的下游。这一段河长786 km，落差95 m，流域面积20 000多 km^2，河道的基本特点是，河流水势平缓，河道宽浅散乱，泥沙淤积严重，河床逐渐升高，是世界上著名的悬河。这种高悬在大平原之上的河道，河床很不稳定，主流经常摆动，若突然遭遇大洪水，很容易决口，决口以后，河水居高临下，难以立即堵复，很容易发生河流改道，所以造成的灾害比世界上其他非悬河河流要大。因此，黄河下游南北两岸修筑了防洪堤防工程，以抵御洪水威胁。黄河下游河道主要由桃花峪至东坝头明清时期的黄河河道、东坝头至陶城铺间近代黄河决口泛滥而行水的河道、陶城铺以下大清河至渤海海口等河段构成。其中，东坝头至陶城铺间的黄河河道是1855年黄河铜瓦厢发生大改道、洪水泛滥而形成的河道，此段黄河以原地面为河床行水而逐渐淤积抬高演变成今天的黄河河床，本书将其称为近代河床。

本书选择黄河下游近代河床演变为研究课题，通过综合分析方法，重点对黄河下游现黄河河道沉积起始界面、近百年来黄河下游河道沉积速率变化、黄河下游河床沉积物沉积时间关系式、黄河下游河床变迁湖泊沉积响应、内外动力地质作用对黄河下游河床变迁的影响效应等方面进行研究，为工程实践提供基础性资料，同时在工程地质、水文、泥沙、河流规划、环境保护、地理科学等方面也都有着一定的参考价值。

1.2 研究方向的研究现状

黄河在长期的人类历史发展过程中，一直是我国政治、经济和文化的中心，为中华民族的发展作出了不可磨灭的贡献，但也给人民带来了巨大灾难。黄河安危，事关大局，正因如此，她引起了国内外许多专家、学者的广泛关注，研究的内容涉及各个学科领域。下面围绕黄河下游河床演化这一研究方向，着重就20 世纪 50 年代以来、特别是 20 世纪 80 年代以来的研究成果作一综述。

1.2.1 黄河下游河道历史变迁演化

黄河是一条古老的大河，历史上下游改道频繁，黄河有史以来，曾发生过许多次规模不同的决口改道，在西起郑州、北至天津、南抵淮河河口的黄淮海大平原上，或北流注入渤海或南迁夺淮入黄海，是一条“善淤、善决、善徙”的河流。搞清黄河历史上不同时期决口以及不同时期黄河行水河道的分布情况并分析决口改道的原因，对于研究现黄河具有重要的意义。关于黄河历史上决口改道的情况，根据已有研究，自公元前 602 年（周定王五年）以来，黄河历史上曾决口泛滥达 1 500 多次，较大的决口改道 26 次。其中，重大的决口改道 9 次，见表 1-1。黄河小的决口而且决口后又在不太长的时间进行堵复的则不计其数。

总结黄河河床变迁的历史可以概括为：

（1）黄河的河道变迁大致经过了以下几个阶段：古黄河河道、禹王河河道、汉唐河道、宋元河道、明清河道、近代黄河河道、1938 年花园口人为决口夺淮入海河道。不考虑 1938 年黄河花园口决口的话，大致可分为六个时间段，分别与上述行水河道所对应 ：即史前黄河至第一次黄河河道大变迁（公元前

表 1-1 黄河下游河道主要改道情况

称谓	改道时间	改道地点	入海地点	备注
宿胥口河徙	公元前 602 年(周定王五年)河徙前称黄河为禹河	宿胥口	沧州、黄骅渤海	分为多股,散流于华北大地
新莽魏郡改道	公元前 132 年、公元 11 年	瓠子、魏郡	利津南而入渤海	该河道一直到北宋景祐初始塞
北宋澶州横陇改道	北宋景祐元年(1034 年)	澶州横陇埽	经惠民与滨县之北入渤海	经聊城、高唐、平原一带,分流而下
宋庆历八年澶州商胡改道	庆历八年(1048 年)	商胡埽	分南北流入渤海	东流与北流并存到 1099 年,东流始绝
南宋建炎二年杜充决河改道	建炎二年(1128 年)	河南滑县西南沙店集南	夺淮河注入黄海	东流濮阳再经鄄城、金乡一带汇入泗水
南宋蒙古军决黄河寸金淀而改道	南宋端平元年(1234 年)	河南滑县	夺淮入海	河水分三流而下,后又合为两支
明洪武至嘉靖年间河道变迁	洪武二十四年(1391 年)	河南原阳原武、黑羊山等多处决口	由河南开封、兰阳、虞城、下徐、邳入淮	1572 年后黄河归为一槽并一直维持了 280 年
清咸丰铜瓦厢改道	清咸丰五年(1855 年)	河南兰阳东坝头铜瓦厢一带	黄河向东泛滥,夺大清河由山东利津入渤海(即今日的现行河道)	至 1885 年,四溢的河水才被集中于现在的河道行水
民国二十七年花园口决河南徙	民国二十七年(1938 年)	郑州花园口	大部分河水由颍河南流再次进入淮河	直到 1947 年堵复花园口的决口口门,大河才复回故道

602 年~公元 11 年)、黄河第二次河道大变迁(公元 11 ~1048 年)、黄河第三次河道大变迁(1048 ~1194 年)、黄河第四次河道大变迁(1194 ~1494 年)、黄河第五次河道大变迁(1494 ~1855 年)和黄河第六次河道大变迁(1855 年至现代)。

(2)1855 年黄河铜瓦厢决口后,下游新河道由桃花峪以上禹王河河道、桃花峪至东坝头明清河道、东坝头至陶城铺古地面新冲刷出的河道、陶城铺以下大清河至渤海海口等 4 个不连续的河段构成,这 4 个不连续的河段构成了近代黄河河床,在此河床形成河流堆积、演变并形成目前的黄河下游河道。

(3)黄河河道走北华北的时间要多于走南华北的时间,马国彦曾进行过历史上可考究的黄河决口改道情况的统计,黄河走北华北的时间约占 71.64%,走南华北的时间约占 28.36%。在统计的 9 次黄河重大河流决溢中,有 7 次是非人工改道,有 2 次是由于战争需要而进行的人工改道,而且都是逐水南流,这也就是说,若非人工改道,黄河决溢迁徙的场所很可能只在北华北范围内摆动。

1.2.2 黄河下游泥沙与河床演变

河流是大自然的一部分,水和泥沙是河流的主要物质,河流演变与泥沙的关系是河流研究的重点内容。黄河以多泥沙而闻名于世,因此研究黄河必研究泥沙,围绕黄河下游河床演变这一主题,泥沙研究一直占据着黄河下游研究的主旋律。黄河下游泥沙研究的内容非常广泛,现仅从与本课题研究相关的角度对其主要成果从以下几个方面来总结。

1.2.2.1 黄河下游泥沙的主要来源

黄土高原流失的黄土为黄河下游河道泥沙产生的主要物质基础。水土流失是黄河下游河道泥沙产生的主要方式。暴雨和地面径流是动力因素。

在黄河上中游通过支流或者直接进入黄河的泥沙根据地区的不同情况也有差别,钱宁等曾将黄河上中游地区分为两个多沙区和两个少沙区。河口镇以上属于少沙区,河口镇至龙门之间支流(如无定河、皇甫川、窟野河)以及北洛河、马连河等流域构成的多沙粗沙区,由渭河、泾河干流支流和汾河组成的多沙细沙区,伊河、洛河、沁河组成的少沙区,渭河南山支流的清水区。在各区中,两个少沙区和一个清水区都位于半湿润区域(高寒半湿润或者半湿润区域),而两个多沙区都位于半干旱区域。根据中国 700 余个流域资料给出了中国径流深(用以代表气候)、植被类型与产沙模数的关系曲线,表明在半干旱气候下产沙模数最大,当降雨量增多而进入半湿润、湿润气候时,因植被类型由草原变为森林，抗蚀力的增加大大超过侵蚀力的增加，故产沙模数减小。曾有学者运用系统耦合的概念研究了黄河上中游产水产沙系统与下游河道淤积系统之间的耦合关系，分别基于年系列资料与洪水系列资料，建立了下游河道冲淤量、冲淤量强度与上中游四个不同的水沙来源区来水来沙量之间的多元统计模型，借以定量描述各个系统耦合关系，所得到的模型表明：在年系列基础上，当其他因素不变时，多沙粗沙区每增加或者减少1 t入黄泥沙，下游河道淤积量可增加或者减少0.455 t；多沙细沙区每增加或者减少1 t入黄泥沙，下游河道淤积量可增加或者减少0.154 t，前者相当于后者的3倍，说明粗沙区与细沙区所产泥沙入黄后，对黄河下游的影响是迥然不同的。

1.2.2.2 黄河下游来水来沙特征

河床演变是洪水、泥沙和河床三者相互作用的结果，研究河床演变离不开对洪水的研究。黄河下游的洪水与泥沙具有水沙异源的特点。关于泥沙的来源前已述及，泥沙主要来源于黄河中游的两个多沙区。以黄河下游的花园口水文站为标志，洪水的来源主要由三个区域组成：黄河河口镇至龙门区间、龙门至三门峡区间和三门峡至花园口区间。三个区间的洪水各有不同的特点，加之在时空上的不同组合，形成了黄河下游洪水的不同类型。以黄河河口镇至龙门区间和龙门至三门峡区间来水为主形成的上大型洪水，具有洪水峰高、量大、含沙量大的特点，对黄河下游威胁严重，对黄河下游河床演变影响大。两个区间流域面积达30万km^2，洪水一般发生在年内的7~9月，一次洪水历时一般1~2天，连续洪水可达一周左右。以黄河三门峡至花园口区间来水为主形成的下大型洪水，洪水由三门峡至花园口区间有伊洛河、沁河等支流汇入，流域面积4.2万km^2，该区大部分为土石山区，本区大洪水和特大洪水都发生于7~8月，暴雨历时较三门峡以上的黄河中游地区要长，暴雨强度大，加上主要产流地区河网密度大，有利于汇流，故有洪水峰高、量大、含沙量小、上涨迅速的特点。一次洪水历时3~5天，连续洪水历时可达近两周。黄河龙门至三门峡区间和三门峡至花园口区间共同来水形成的上下较大型洪水，这类洪水的特点是洪水峰低、历时长、含沙量低等。黄河下游河道平面形状呈宽窄相间状，收缩段与开阔段交替出现，滩地面积占河道面积的80%左右，滞洪淤沙作用显著。黄河下游河道水位峰和流量峰具有不同步的特点，往往水位峰提前于流量峰。已有研究说明，黄河下游河道淤积与演变，主要取决于来自粗沙区的洪水，少沙区减水将加剧下游河床的淤积。洪水水量与泥沙含量是黄河下游河床演变的重要因素，由于黄河下游来水水量日益减少，河水漫滩行水的年时间日益减小，而河床淤积速度日益加速，它们是造成黄河下游“二级悬河”的主要原因。

1.2.2.3 黄河下游河床高含沙水流的冲淤特征及演变规律

河流中的水沙运动是水流和泥沙运动过程的反映，也是研究河床演变的基础。对一般挟沙水流的研究多侧重于研究水流的过程，而对高含沙水流的研究则更要强调泥沙的作用。研究黄河泥沙的运动实际上是研究高含沙水流在黄河下游河床的冲刷、淤积以及由此而产生的河床纵横剖面的演变。实际上，高含沙水流是一定来水来沙条件以及河床边界条件下所形成的一种水流现象，既要重视所含泥沙的粗细，又要考虑产生高含沙水流所需要的边界条件。因此，高含沙水流是挟带有一定含量黏性细颗粒的水流在某种水沙与边界条件下所形成的一种含沙浓度较高的水流现象。

高含沙水流的河床演变是指河流在高含沙水流和泥沙的共同作用下河床几何形态的变化情况。在一般挟沙河流中，水流与河床边界的相互作用是河床演变过程中的主要矛盾，水流作用于河床，使河床发生变化，而河床的变化又会进而影响水流的结构。在高含沙水流情况下，情况则有所不同。除了水流与河床边界的相互作用依然存在外，水流中大量泥沙的存在将不仅会影响水流的结构及其运动方式，而且还会极大地影响河床演变，使河道发生大冲大淤，边界产生剧烈变化。

最开始对高含沙水流的研究主要集中在对天然河道或渠道资料的收集与分析方面，随着工作的深入，国内相继开展了高含沙水流的室内试验研究。到20世纪80年代，国内许多专家、学者还提出了高含沙水流的模拟方法，进行了有关高含沙水流的河工模型试验，到20世纪90年代，钱宁、万兆惠、王兆印等主编的高含沙水流方面的教材，侧重于介绍黄河高含沙运动、河床演变特性以及高含沙水流的应用前景。1998年出版的“八五”攻关研究成果《黄河下游河床演变基本规律》、《黄河水沙变化与下游河道减淤措施》、《拦减粗泥沙对黄河河道冲淤变化影响》等专著，集中介绍了新近的研究成果，提出了一些新的认识。国外所进行的这方面的系统研究较少。

20世纪90年代以来对黄河下游河床演变的研究成果表明：高含沙洪水中大于0.01 mm的泥沙几乎全部淤积在高村以上的宽浅河段。黄河下游的高含沙水流属于两相非均质紊流，而不是伪一相流或均质流，也不是宾汉体。高含沙长距离输送的首要条件是水流速度不低于相应条件下泥沙的不淤流速，然后可以通过不同含沙量情况下水力坡降与水力半径的关系确定输送某一含沙量所需要的坡降。一般说来，涨峰时，由于比降和挟沙力大，槽冲滩淤；

退峰时比降和挟沙力小，滩槽均淤积，但当挟沙力小于含沙量时，涨峰时主槽也会发生淤积，当挟沙力大于含沙量时，退峰时主槽也会发生冲刷。高含沙水流可以自身塑造出与其挟沙能力相应的窄深河槽并在单一河道中维持较长距离，具有一定的稳定性，但在具有复式断面的宽浅游荡型河道中，顺直的窄深河槽及断面形态难以长距离保持，表现出相对的不稳定性。

1.2.3 黄河下游第四纪地层

黄河下游广泛分布着第四纪松软地层，研究黄河下游第四纪地质，对于黄河下游河道治理、环境保护、沿岸可持续发展等方面都具有重要意义。

黄河下游河道最早的形成地质时代问题是黄河下游第四纪地质研究的基础性问题。卞美年在1934年所著的《黄河下游河谷中之新生代沉积》和杨钟健在1936年出版的《新生代经济和经济地质》是最早开展这方面研究的成果，这些奠基性成果至今仍具有重要的参考价值。1955年冯景兰在《黄河流域地貌、现代动力地质作用及其对坝址选择的影响》中提出，黄河流域是在不断间歇上升中、从唐县期的夷平面存在、汾河期、清水期的深切，确认黄河整个河谷历史悠久，并非幼年期河谷。1956年张伯声在《从黄土线说明黄河河道的发育》一文中也提出了自己的看法，认为在上新世红土层沉积时陕北盆地还没有形成出口，黄河就在这个时期或者稍后一个时期，从陇中盆地通过中卫、中宁盆地在环县西北流入陕北盆地，黄河属于婴年期。也有学者认为黄河河谷的发育与黄土无关。20世纪80年代，代英生认为，黄河下游河道的形成始于三门湖的贯通，应为早更新世。20世纪90年代，马国彦、王喜彦等经过对黄河下游第四纪地层的综合对比认为，黄河下游河道的形成应在中更新世早期。薛铎通过汾渭盆地与河南平原地区更新统介形类化石组合的对比，认为黄河下游河道形成的时代应该为早更新世末至中早更新世初，距今70万～100万年 。2002年贾杰华、石钦周等认为，黄河下游河道形成于中更新世后期。迄今为止，对黄河下游河道的形成时代也还没有一个统一的看法。不过，以上关于此方面的研究成果可概括为，黄河下游河道的形成是由于三门湖的扩展进入华北湖，从而揭开了黄河下游冲积型河道的发育阶段，黄河冲积扇也由此而进入了新的成长期。黄河下游河道形成于早更新世或中更新世期。

黄河下游第四纪地层分布广泛、沉积厚度大、相变复杂，地层划分一直是黄河下游地质研究的热点问题。早在1947年，丁骕在其专著中，从黄河冲积扇的分布、沉积厚度及其生成时代进行了研究，对黄河下游地层初步进行了划分。20世纪80年代，中国科学院地理研究所叶青超、地质矿产部地质研究所石长青等,从研究黄河下游地貌的需要出发,对黄河下游的第四纪地层特别是在全新世地层方面进行了深入的研究。除此之外,鲁、豫两省地矿部门,中国科学院地质研究所等机构,分别在黄河下游开展了黄河下游地区区域性第四纪地层的研究,1989 年还出版了《中国黄淮海平原第四纪地质图(1:100 万)》等一批基础性成果。1997 年马国彦在其著作《黄河下游河道工程地质分析及淤积物物源分析》中,提出了黄河下游河道第四纪全新统地层"三分法"的标志和黄河下游河道第四纪地层的划分方案。彭汉兴等还提出了黄河下游上段早期冰积层的识别标志,李金都等也提出了通过"可比层"的建立来进行黄河下游第四纪全新统地层划分的方法。综观对黄河下游第四纪地层的研究,可以归纳为,黄河形成以来,其冲积势力所涉及的范围,即黄河出峡谷顺东南方向流动,经徐州(洪泽湖)入海一线,以及黄河出峡谷顺东北方向流动,经濮阳、德州南入海一线,在该范围内,东南线区域第四纪地层厚度较薄,东北线区域第四纪地层厚度较厚,在鲁西、鲁北地区,因缺失下更新统地层第四纪地层厚度变小;整个第四纪地层厚度最厚可达 200 多 m;地层成因,早更新世时,沉积物质主要来自近山区洪冲积物,中更新世时,黄河沉积物占主导地位,以冲积、冲洪积为主。在下更新统内,可见砾石、卵石层。中、上更新统均以黄土状砂壤土、壤土、细砂、粉砂为主,砂层呈扇状及带状分布;黄河下游河道第四纪地层全新统(Q_4)相当于河北平原的黄骅组,总厚度为 18 ~ 25.7 m,大致分为三个亚组,上段(Q_4^3)为灰黄色砂壤土、壤土,灰黑色薄层淤泥质土,厚度由黄河河南濮阳段的 6.55 m 到黄河下游入海口山东省垦利县变为 0.6 m;中段(Q_4^2)为灰黄色砂壤土、壤土、粉砂、细砂等,厚度由黄河河南封丘段的 5 m 到黄河下游入海口山东省垦利县变为 14 m;下段(Q_4^1)为黄褐色砂壤土、壤土、中砂、细砂等,厚度为 7 ~ 14 m。

1.2.4 黄河下游地上悬河的研究

对黄河下游地上悬河的主要认识,可作如下简单的概述:由于黄河下游地形开阔低缓,河道纵比降由中游的平均 0.74‰降为 0.12‰,水少沙多,属典型的淤积型河道。淤积已使黄河下游成为世界上著名的地上悬河。而悬河的形成又加剧了黄河决堤、断流的危害。黄河下游一旦发生堤坝决口,将会对广大人民群众的生命财产造成巨大损失,对我国的经济发展、社会稳定造成严重影响。所以,开展黄河悬河的形成机制、演化规律研究,尽早制定有效的预防措施,不仅有重要的理论意义,而且有重大的社会经济意义。

关于地上悬河的形成及其地貌特征,张忠胤曾作过深入的研究,他在《关于地上悬河的理论问题》一书中提出,形成地上悬河的基本条件是:①河中必须挟带大量的直径0.25~0.01 mm的土粒(敏感土粒);②河水中必须有相当大的部分是具有小于0.7 m/s的平均流速的水流(敏感水流);③河流必须具有足够广阔的可供泛滥的面积。也就是说,河水必须搬运有大量易于沉淀淤积,又易于起动悬浮的敏感土粒的细砂、极细砂及粗粉粒颗粒,敏感土粒在较小的平均流速(小于0.7 m/s)时,可迅速沉积。但是,随着瞬时流速的脉动,敏感土粒可以时而悬浮、时而推移、时而沉积不动,时而再悬浮、再推移、再沉积。黄河下游正是由于土的这种特性,才使得其河底形态在不断地变化,滩区可以很快坍塌,河槽区又可很快地淤积成新滩,使河流具有朝北暮南的游荡性和多变性。悬河区的地貌单元主要由蛇曲带、自然堤及泛滥洼地组成,不同的地貌单元具有不同的地貌特征及岩性组成。

悬河作为河流,在特定区域、特定时间的河流演化的产物常具有以下特征:一般位于河流的下游且具有一般河流的中上游侵蚀、下游淤积的特点。强烈的淤积是悬河形成的基础,故悬河一般发育在河流下游地形低平开阔的泛滥平原上;悬河段流域面积小,黄河下游流域面积为$2.272\ 6\times10^4\ km^2$,仅占黄河总流域面积$75.244\ 3\times10^4\ km^2$的3%;通常情况下,河流流域均为汇水盆地或汇水谷地,流域面积较大。泥沙的淤积,河床的抬高,悬河的形成,使得汇入的支流流向改变,悬河成了其他河流的分水岭;黄河下游自桃花峪以下位于黄河冲积扇脊部,南侧地势向东南缓倾斜,北侧向东北缓倾斜,下游河道已成为淮河流域与海河流域的天然分水岭;由于悬河河道泥沙淤积严重,河床抬高,河道萎缩,泄洪能力下降,中小洪水就出现小流量、高水位、大漫滩等异常现象。如1996年8月黄河发生洪水,花园口1号洪峰流量为7 600 m^3/s,水位却高达94.73 m,比1982年洪峰流量15 300 m^3/s的“82·8”洪水水位还高出0.74 m,黄河下游河段全线水位偏高,普遍接近或突破历史最高水位纪录。继续采用加高河堤的办法治黄,堤会越堆越高,决堤的可能性、危害性也会越来越大。

悬河河床面高于悬河两岸地面,造成河水向两岸地区渗透流失,加上气候及中上游地区工农业生产和人民生活用水急剧增加等原因,黄河下游自1972年以来,频繁出现断流现象。1997年更出现226天的有记录以来最长的断流记录,而且是首次跨年度断流。悬河的形成是自然营力与人为因素综合作用的产物,悬河是河流下游严重淤积、河床抬高与人类为预防洪灾、约束水流在河道两侧不断填土筑堤、河堤逐渐增高形成的产物。河流在下游平原地区的自然演化多是形成网状水系、辫状水系或爪状水系。人为的干预加速了地上悬河形成。

自然界任何现象均有其发展演化过程，作为河流特殊现象的悬河也有自己独特的发展演化过程。根据河水水面、河床床面与两岸地面高程的关系，河水支流补给与否、流域面积的变化，以及河流是否断流等因素，有的学者将悬河的演化划分为5个阶段：幼年期悬河、青年期悬河、成年期悬河、老年期悬河和衰亡期悬河。幼年期悬河河床低于两岸地面高程，河流水面在雨季或洪水期高于两岸地面，有支流补给，流域面积较大，又叫季节性悬河或洪水期悬河。目前，长江中下游河段河流水面在洪水期明显高于两岸地面，已属于幼年期悬河。青年期悬河河床面仍低于两岸地面，河流水面长年高于两岸地面，支流河水补给逐渐减少，渐趋于封闭，流域面积逐渐减小。成年期悬河不仅水面高于两岸地面，而且河床面长年高于两岸地面，支流封闭补给停止，流域面积很小。老年期悬河由于支流封闭补给停止，仅有干流上游河水补给。河床不断淤积抬高，河床面显著高于两岸地面，成为其他河流流域的分水岭，河水向两岸渗透。加上气候原因以及工农业用水加剧，形成悬河在枯水期季节性断流。悬河演化进入老年期。衰亡期悬河当气候长期干燥，上游来水减小，而河水向两岸渗透及工农业用水加剧时，将会造成悬河下游长年断流，悬河演化就进入衰亡期。如果干旱加剧，断流河段逐渐向上游延伸，悬河将会消亡。原河流就成为内陆河，甚至也会消亡。黄河下游目前属于悬河演化5个阶段中的哪个阶段，目前还没有一个统一的看法，这也是黄河是否已经寿终正寝而需要人工改道经常争论的问题的焦点之一。

1.2.5　河湖沉积物及古环境演化的研究方法

近几年人们对河湖沉积物及古环境演化的研究表明，随着科学的进步，人们在探索未来的同时，更需要了解过去。通过研究第四纪沉积物的沉积时代、沉积表观特征、粒度特征、包含物属性等进而揭示第四纪沉积物和古环境的演变过程，是古环境演化研究一般常用的方法。第四纪沉积物沉积表观特征包括沉积层理、面理等，需要通过野外寻找标准剖面观察解决。第四纪沉积物粒度特征和包含物属性则需要通过探孔取样进行室内测试分析。第四纪沉积物的沉积时代研究，通常采用同位素测年的方法来解决。根据放射性衰变的原理，进行同位素测年的方法主要有三类：第一类是以单一核素的放射性衰变为依据，如^{14}C、^{10}Be等测年技术；第二类是以放射性核素的母子体衰变关系为基础，如铀－镭、铀－铅、铀子系列；第三类则是以放射性核素所产生的辐射效应为基础，如热释光、光释光、电子自旋共振、α－衰变径迹和裂变径迹等。这些测年方法在国内外第四纪沉积物和古环境的演变研究中发挥了重要的作用。但是,这些测年方法的应用有一些基本的要求,如测年物质一般应在上千年以上,对于百年以内沉积的河流物质,以上测年方法就不太适应了,如我们常用的地质上进行地层年代确定的^{14}C测年的方法,其正常误差也在几十年至几百年了,^{14}C测年的方法结果虽然有一定的误差范围,但是相对说来,其结果可以为我们指示大致时代。

对于河流沉积物和古环境演变的研究而言,则由于河流迁移的多变性、河流沉积物冲、淤的间断性,河流沉积时代的短时性等特点,第四纪研究的一般测年方法在对河流演变的研究中就显得有些吃力,必须寻找和借鉴新的研究方法。目前,在湖泊研究中,对于近百年沉积的沉积物质研究,比较先进的方法是采用^{210}Pb、^{137}Cs测年的方法建立“时间窗”,由“时间窗”来获得时间标尺,进而可以研究沉积物质的沉积时代、沉积速率等。通过对沉积物的沉积微观颗粒分析、有机碳含量测试、有机碳同位素测试、碳酸盐含量测试、磁化率测试、色素测试、介形类化石测试、孢粉含量测试等,可以恢复古湖泊及其沉积物质的演变过程。以上研究方法通常被称为高分辨率的河湖水系沉积环境研究方法。由这些方法再和其他资料(如考古资料、历史记载资料等)相结合,可以完全恢复河湖水系或其所在地区的环境变迁演化过程。林瑞芬等通过在珠江口沉积物质中^{210}Pb“时间窗”法建立了珠江口河床沉积物近百年的时代标尺,进而研究了珠江三角洲近百年来沉积环境的演变情况,研究结果表明,1980年以前沉积速率是0.5~1.0 cm/年,此后沉积增长加快达到了4~6 cm/年。薛春汀等通过对江苏响水QC4钻孔古黄河沉积物的厚度、特征、沉积序列等内容分析,研究了晚更新世末至公元前7世纪的黄河流向和黄河三角洲变迁。宋育新、王苏民等对江汉平原M1孔沉积物质的研究,揭示了长江南移的地质证据。王云飞、王苏民、薛滨通过对若尔盖湖泊沉积物的沉积特征分析,对历史上黄河袭夺若尔盖古湖问题进行了研究,得出了重要的结论。张振克、王苏民等通过高分辨率的河湖水系沉积环境研究方法,研究了黄河下游南四湖地区黄河河道变迁的历史,并揭示了历史上黄河南流泛滥对南四湖的影响。李道高、郭永盛等在鲁东南滨海平原上布置钻孔进行取样和测试,通过对沉积样品的粒度分析、矿物分析、微体古生物分析、孢粉分析及测年等,研究了鲁东南滨海平原海进地层的划分和对比、古地理环境及其演变规律。张晓阳、蔡述明等根据洞庭湖全新世沉积的岩性、岩相特征,文化遗址的时空分布,结合孢粉资料与历史文献记载,揭示了全新世以来洞庭湖演变的六个阶段,研究认为,这种发育演化过程与区域性气候变化、人类活动直接相关。薛志强通过考古资料研究了全新世以来中国北方的环境变迁，指出自然环境和人类文化是相互作用、相互影响的，是可变的，环境变迁与人类生存是密不可分的，考古资料为我们研究恢复古环境、研究环境变迁提供了新的视角。杨达源、王云飞运用河湖水系环境变迁的综合研究方法，对近2 000年来淮河流域地理环境的变化与洪灾进行了研究，揭示了淮河流域环境变化事件，如水灾、古黄河河道变迁、古黄河洪水泛滥、海侵等对环境演变的影响。羊向东、王苏民、吉磊等通过对江苏高淳固城湖孢粉组合的分析，研究了固城湖地区晚全新世以来环境变迁。类似的研究还有许多。这些研究实例说明，近几年来通过运用“时间窗”法和沉积物的沉积微观颗粒分析、有机碳含量测试、有机碳同位素测试、碳酸盐含量测试、磁化率测试、色素测试、介形类化石测试、孢粉含量测试等方法，河湖演变方面的研究得到了前所未有的发展。

1.3 本书所做的主要工作

1.3.1 本书研究的目标与内容

通过本书的研究，确定黄河下游近代河床沉积起始界面及沉积物物理指标随时间变化关系、分析了解黄河下游河床变迁的湖泊沉积响应、揭示内外动力地质作用对河床变迁的影响效应等，为黄河下游河床研究和堤防地质研究提供基础性资料。本课题研究主要包括以下几个具体方面的内容：

(1)黄河下游近代河床沉积起始界面研究。

(2)黄河下游近代河床泥沙沉积时间关系式研究。

(3)黄河下游河床演变的湖泊沉积响应研究。

(4)内外动力地质作用对河床变迁影响效应研究。

(5)黄河下游历史口门工程地质勘察方法研究。

(6)黄河断代工程及其研究意义。

1.3.2 本书的技术路线

本书采用的研究方法为：已有资料的收集与分析(包括考古资料)，野外钻探、坑探并采取原状样品和散状样品，室内试验主要进行了年代测龄、稀土元素和重金属含量测试、磁化率测试、有机碳含量测试、有机氢含量测试、有机氮含量测试、黏土矿物含量测试、微米级颗分试验、沉积物主要物理性质指标试验等，采取定性与定量相结合的方法进行综合分析。

本书的技术路线见图1-1。

1.3.3 本书完成的主要工作量

本书收集到黄河下游1∶10万河道平面图一套共10幅、1∶100万河道平面图一套共1幅,1∶400万地震烈度图1幅,1∶10万地质平面图1幅,野外进行了20点(段)的校核,绘制钻孔柱状图共72个,总进尺约2 500 m,完成河边湖边坑探15个,总进尺约25 m,采取原状样和散状样各100组,野外现场进行干容重试验50组,样品室内干容重对比测试15组,样品室内颗分试验80组,沉积物磁化率试验100组,稀土元素与重金属元素测试40组,样品测年试验共完成4组,完成黏土矿物含量试验50组,完成沉积物有机碳含量测试50组,沉积物有机氮含量测试50组,完成沉积物有机氢含量测试50组,野外还进行了工程测量,对钻孔的高程进行了实地测量。完成各类测试曲线绘制8个,完成剖面图绘制5个,还进行了有关资料的分析和对比。在制订试验方案时,还得到了南京师范大学地理系杨浩教授的帮助,内外业工作先后得到了黄河水利委员会勘测规划设计有限公司地质工程院、岩土工程与材料科学研究试验院,中国地质大学古地磁实验室,南京大学环境地质研究中心,中国科学院南京土壤研究所,中国科学院南京湖泊研究所等单位的帮助。

本书完成主要实物工作量见表1-2。

1.3.4 本书的创新点

1.3.4.1 黄河下游近代河床沉积起始界面研究

寻找黄河下游近代河床沉积起始界面是开展黄河下游各类研究的基础,对于我们研究目前下游黄河具有十分重要的意义。

本书首次对黄河下游近代河床沉积起始界面进行了系统研究,借助地质学和环境学、土壤学的研究手段,采用的方法和技术主要有:布置河床孔钻探、钻孔岩性鉴定、采取泥沙原状样、稀土元素与重金属测试、磁化率测试、^{14}C测定等,其中,将稀土元素与重金属测试、磁化率测试等环境学的测试手段引入到黄河下游近代河床沉积物时代分类、地层分类中来,成功地界定了黄河下游近代河床沉积物与1855年前的古地面,属于创新性技术。通过研究,界定了黄河下游近代河床沉积起始界面、绘制了横剖面和河道纵剖面,为黄河下游研究提供了原创性、基础性成果。

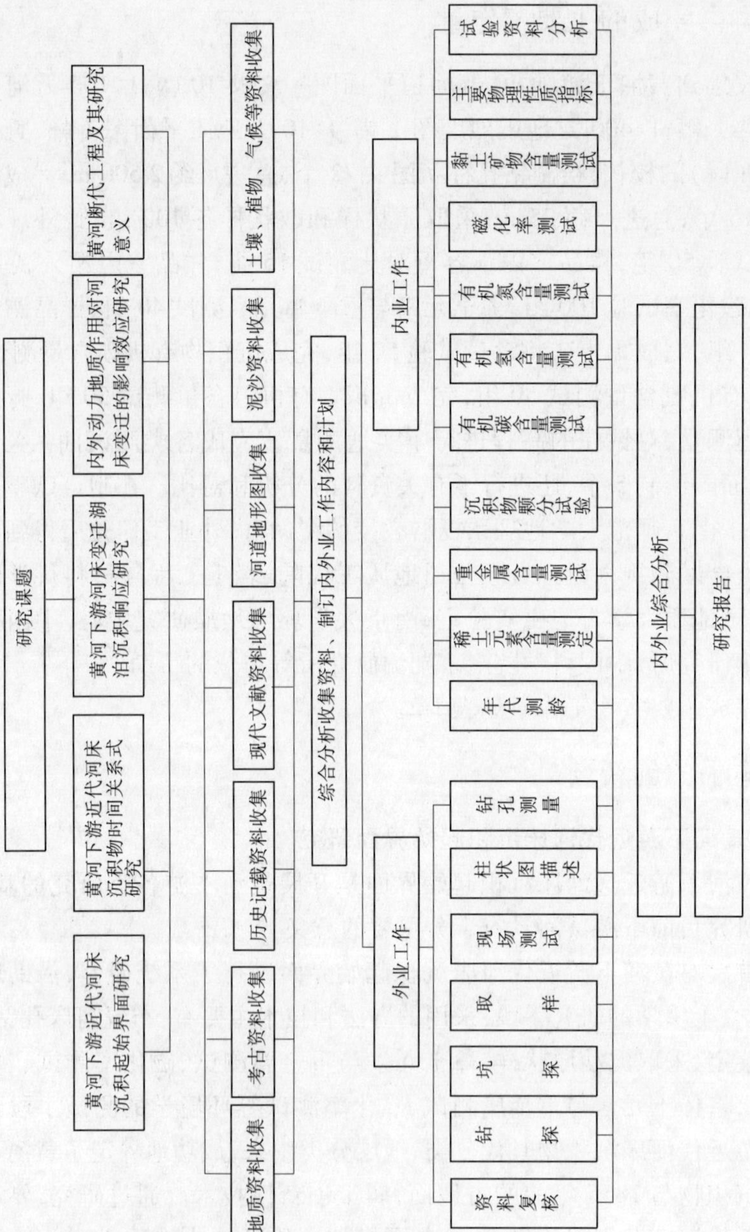
研究课题
黄河下游近代河床沉积起始界面研究
黄河下游近代河床沉积物时间关系式研究
黄河下游河床变迁湖泊沉积响应研究
内外动力地质作用对河床变迁的影响效应研究
黄河断代工程及其研究意义
地质资料收集
考古资料收集
历史记载资料收集
现代文献资料收集
河道地形图收集
泥沙资料收集
土壤、植物、气候等资料收集
综合分析收集资料、制订内外业工作内容和计划
外业工作
内业工作
资料复核
钻探
坑探
取样
现场测试
柱状图描述
钻孔测量
年代测龄
稀土元素含量测定
重金属含量测试
沉积物颗分试验
有机碳含量测试
有机氮含量测试
有机氯含量测试
磁化率测试
黏土矿物含量测试
主要物理性质指标
试验资料分析
内外业综合分析
研究报告

图 1-1 本书的技术路线

表 1-2 本书完成主要实物工作量

<table>
<tr><th colspan="2">内容</th><th>单位</th><th>工作量</th><th>备注</th></tr>
<tr><td>地质测绘(复核)</td><td>1:10 万</td><td>点</td><td>20</td><td rowspan="16">钻探、坑探、野外试验、野外测量、室内部分土工试验等由黄河水利委员会勘测规划设计有限公司地质工程院承担;室内土工试验、黏土矿物含量试验由黄河水利委员会勘测规划设计有限公司岩土工程与材料科学研究试验院承担;磁化率部分测试由中国地质大学古地磁实验室承担;磁化率部分测试由南京大学环境地质研究中心承担;稀土元素、重金属元素含量测试由中国科学院南京土壤研究所承担;样品测年试验,有机碳、氮、氢含量试验由中国科学院南京湖泊研究所承担</td></tr>
<tr><td>河床钻孔及分析</td><td>钻孔</td><td>m/孔</td><td>1 820/43</td></tr>
<tr><td>坑探</td><td>河边湖边</td><td>m/个</td><td>25/15</td></tr>
<tr><td>原状样品</td><td>钻孔取样</td><td>组</td><td>100</td></tr>
<tr><td>散状样品</td><td>钻孔于试坑</td><td>组</td><td>100</td></tr>
<tr><td>野外干容重试验</td><td>干容重</td><td>组</td><td>50</td></tr>
<tr><td>样品室内干容重测试</td><td>干容重</td><td>组</td><td>15</td></tr>
<tr><td>沉积物室内颗分试验</td><td>颗粒分析</td><td>组</td><td>100</td></tr>
<tr><td>沉积物磁化率测试</td><td>河道孔原状样</td><td>组</td><td>100</td></tr>
<tr><td>稀土与重金属元素测试</td><td>河道孔原状样</td><td>组</td><td>40</td></tr>
<tr><td>样品测年试验</td><td>钻孔样品</td><td>组</td><td>4</td></tr>
<tr><td>沉积物黏土矿物测试</td><td>原状样</td><td>组</td><td>50</td></tr>
<tr><td>有机碳含量测试</td><td>原状样</td><td>组</td><td>50</td></tr>
<tr><td>有机氮含量测试</td><td>原状样</td><td>组</td><td>50</td></tr>
<tr><td>有机氢含量测试</td><td>原状样</td><td>组</td><td>50</td></tr>
<tr><td>工程测量</td><td>钻孔高程测量</td><td>处</td><td>10</td></tr>
</table>

1.3.4.2 黄河下游近代河床泥沙沉积时间关系式研究

在黄河下游河床演变研究中,往往选择泥沙为研究重点,以 1950 年前后为时间刻度,本书以地质学的视野和观点、运用土力学的研究方法对黄河下游泥沙进行研究,把泥沙研究的时间刻度前伸到 1855 年前后。

本书首次对黄河下游近代河床沉积物特征物理性质与时间的相关关系进行研究,采用的方法和技术主要有:布置河床孔钻探、钻孔采取泥沙原状样、现场试验、随机－模糊方法对泥沙真实沉积速率进行计算、首次对黄河下游近代河床泥沙进行粒度特征分类、对泥沙粒度进行分维计算、采用统计方法建立了泥沙干容重与淤积深度、泥沙干容重与淤积时间的相关关系式等，把泥沙研究的时间刻度前伸到1855年前后，建立了1855年以来泥沙干容重和淤积时间的关系式、泥沙干容重和分维的关系式，丰富了黄河下游泥沙研究的手段。

1.3.4.3　黄河下游河床演变的湖泊沉积响应研究

选择东平湖湖底沉积物，采用定性分析与定量分析相结合方法，借鉴环境学、考古学的研究方法进行课题研究，具体说，深入分析东平湖区域地质资料，在此基础上，选择湖底合适的地点布置钻孔，进行野外钻探，采取原状样品，通过^{14}C测定、地层对比和考古资料的结合进行地层时代标尺的建立；通过沉积物微观颗粒测试、沉积物有机物质含量测试、沉积物黏土矿物含量测试、磁化率测试等手段，获取黄河河床变迁、演化方面的信息，进而分析黄河河床变迁、演化在湖泊沉积物中的反映。

本书首次用环境学的研究方法与地质考古相结合对黄河下游东平湖湖底沉积物进行研究，通过"以古论今"、"以今论古"的方法，研究探索了通过湖泊沉积物的研究、恢复黄河河床变迁的历史过程，同时通过地质考古对黄河下游地区古环境和地层时代进行了考证和恢复。

1.3.4.4　内外动力地质作用对河床变迁影响效应研究

以1855年黄河铜瓦厢改道决口为例，从动力地质作用研究出发，研究了黄河下游河床变迁的内在控制因素，对黄河河流改道、河床变迁等复杂问题进行了研究，研究了内外动力地质作用对黄河河流改道、河床变迁的影响，提出了原创性的成果。

本书首次以动力地质学的观点，从内外动力作用效应出发对黄河河流改道、河床变迁等复杂问题进行系统的综合研究，得出了内外动力地质作用对黄河河流改道、河床变迁影响方面的结论，并首次提出了黄河下游堤防历史决口口门区工程地质勘察的系统理论和方法，对实践具有很好的指导作用。

1.3.4.5　黄河下游历史口门工程地质勘察方法研究

黄河是一条地上悬河，尽管有千里大堤约束，历史上仍频繁决口，仅西汉以来，黄河大堤决口多达1 500余次，多数决口口门隐伏于现今的大堤之下，是堤防的隐患。然而，如何查清历史口门的位置、宽度、深度，了解堵口填筑物的工程性质，确定历史决口口门区的工程地质问题，以便为堤防防洪设计和加固处理提供工程地质依据，一直是一个难题。

利用古史料记载、河流决口后微地形地貌的差异、物探新技术等手段，可以确定历史口门的位置；利用钻探、取心鉴定、层位分析法等可以确定历史口门的底界；再利用现场试验、室内试验等可以确定口门填筑物的物理性质、力学性质以及渗透性性质等。进而可以查清历史口门区的工程地质条件并确定历史口门区的工程地质问题,为堤防防洪设计和加固处理提供工程地质依据。

本书通过综合勘测方法的应用,提出了解决这一问题的系统而有效的方法。

1.3.4.6 黄河断代工程及其研究意义

本书首次在理论上提出了黄河断代工程这一创新性概念,强调通过对黄河生命发展演化过程中自然发生的重大事件在河流沉积物方面记录的某些重要信息的研究,获得河道发展、演化、河流行水规律(包括黄河下游环境演变)等方面的重要结论、重大启示,以更好地进行工程实践。同时,提出了在黄河下游修建用于放淤的人工湖泊、水库,进行淤细(淤积泥沙细颗粒)排清(排放清水),同其他手段相结合,共同构建黄河治沙体系的建议。

2 黄河下游近代河床沉积起始界面研究

目前的黄河下游自河南兰考东坝头至山东利津入海口河段，总长度约604 km，占整个下游黄河河段的83%，该段河道形成于1855年铜瓦厢决口以后，铜瓦厢决口使得原本沿河南郑州花园口及河南兰考东坝头并向东南经徐州入清河会淮河入黄海的黄河，转而过东坝头向东走山东经利津入渤海，河流行水的河床是黄河各河段中最年轻的河床，属于近代河床。100多年来，黄河沿近代河床行水沉积了新的河流冲积物，寻找黄河下游近代河床沉积起始界面，对于我们研究目前下游黄河具有重要的意义。

2.1 黄河下游近代河床沉积起始界面研究方法

为了开展黄河下游近代河床沉积起始界面研究，采用的是由点到面的研究方法，首先在黄河下游选择了点——河道的某个具体部位，通过布置钻孔孔位，采取了钻探、现场岩样鉴别、采取原状砂土样品、室内进行了稀土元素与重金属元素测试、磁化率测试、样品年代测龄等手段，并结合地质分析方法，对其进行了综合研究。在开展了具体点研究工作的同时，由点到面，对黄河下游河道已有的钻孔资料进行了系统地收集、整理与分析，把一个点的研究放到黄河下游大的地质背景下，扩展到整个面——黄河下游近代河床沉积起始界面的研究。

截至2005年，黄河下游近代河床沉积物沉积时间短（仅仅150年），无法用地质上^{14}C测年的方法直接测试其沉积年代，研究中转换思路和方法，区分近代河床沉积物与原始地面的界限，借用了土壤学和环境学中测试稀土元素和重金属的方法、磁化率测试方法，采取了间接手段来进行划分地层界限；对于原始地面通过采取原状土样进行测年的方法，直接测定其年代来解决黄河下游近代河床沉积物与原始地面的界限问题，即对河床近代沉积物用间接方法进行分层，对原始地面用直接方法进行分层，两者结合的同时再综合现场土样钻探鉴别结果，划分出黄河下游近代河床沉积起始界面。

黄河下游近代河床研究完成工作量见表2-1。

表2-1 黄河下游近代河床研究完成工作量

内容		单位	工作量	备注
地质测绘(复核)	1:10万	点	10	钻探、野外试验、室内土工试验、测量由黄河水利委员会勘测规划设计有限公司承担;磁化率测试分别由中国地质大学、南京大学有关机构承担;重金属测试由中国科学院南京土壤研究所承担;测年由中国科学院南京湖泊研究所承担
钻孔与分析	河道钻孔	m/孔	1 800/42	
试坑	岸边	m/个	18/10	
原状样品	河道钻孔	组	60	
散状样品	河道钻孔	组	60	
野外试验	干容重	组	60	
室内土工试验	颗粒分析	组	60	
磁化率测试	河道孔原状样	组	40	
重金属测试	河道孔原状样	组	15	
样品测年试验	河道孔原状样	组	3	
工程测量	坐标和高程	处	20	

重金属一般是指密度大于5 g/cm^{3}或4 g/cm^{3}的有毒金属,按照密度大于5 g/cm^{3}算有4种左右,按照密度大于4 g/cm^{3}算约60种,也有定为元素周期表中原子序数大于Ca者即从钪以后的元素为重金属,一般重金属研究常常研究汞、镉、铅、铬、铜、锌、镍、钴、锡等金属(包括类金属砷等)。重金属属于惰性元素,存在于地表生物、岩土中和地表水与地下水中,随着雨水冲刷和河流流动可以进行运移迁徙。河流水体泥沙和沉积物,可以形成大量的胶体,胶体由于具有大的比表面、表面能和带电荷,能强烈地吸附各种分子和离子,它对重金属在水环境中的迁移起重大作用。胶体的吸附作用是使重金属从溶液中转入固相的主要途径。在天然水中,水相中的重金属含量极微,而主要富集于固相中,这在很大程度上是吸附作用的结果。吸附作用是使许多重金属从不饱和的溶液中转入固相的最重要的途径,也在很大程度上控制着重金属在水环境中的分布和富集状况。影响吸附作用的因素很多,王晓蓉等对金沙江泥沙颗粒物对重金属吸附作用的研究和其他研究成果表明,泥沙颗粒的总吸附量随pH值的升高而增大,各元素均有一临界值,超过该值,离子的水解、沉淀起主要作用。泥沙颗粒对重金属的吸附量随泥沙粒度的增大而减小,对颗粒态金属的形态(化学相)可以划分为:①沉积物或其主要成分(如黏土、铁锰水合氧化物、腐殖酸及二氧化硅胶体等)对微量金属的吸附作用而形成的“可

交换态”(或称被吸附态);②与沉积物中的碳酸盐联系在一起的部分微量金属称为“和碳酸盐结合态”;③与天然水中的铁锰氧化物以铁、锰结核或凝结物形式存在于颗粒上,也有的呈胶膜覆盖在颗粒上,它们是微量金属极好的吸着剂,与铁锰氧化物联系在一起的被包裹或本身就成为氢氧化物沉淀的这部分微量金属称为“和铁锰氧化物结合态”;④呈硫化物及有机物结合态,这部分包括在不寄托环境下生成的硫化物沉淀及为各种形态的有机物束缚的微量金属,这些有机物主要是活的有机体、腐殖质、矿物颗粒上的有机胶体层;⑤残渣,即指可能包含在矿物晶格中而又不会释放到溶液中去的那部分金属。

显然,从土壤学和环境学的角度看,由于成土母质不同和成土过程以及生存、运移时间、运移环境不同,而会出现不同重金属元素在数量上的差异。由于近代河床古地面和近代河流沉积物是不同时期、不同土壤环境下的产物,这就为我们运用重金属方法进行两者的区分提供了基本条件。

元素在自然界随河流可以迁徙,通过河流沉积物的沉积作用可以沉积在河床中,A. И. 彼列尔曼在波雷诺夫研究的基础上,对于元素在自然环境中稳定、迁移特征进行的分类,有助于了解元素在包括土壤在内的自然环境中的一般特征。

水迁移系数值 k_x 计算公式如下

$$k_x = \frac{100m_x}{a\ n_x} \tag{2-1}$$

式中 k_x——元素的水迁移系数;

m_x——元素在水中的含量,mg/kg;

a——河水中矿物质总量,mg/kg;

n_x——元素在该河流流经区域岩土中的平均含量(%)。

k_x 指地表水或潜水的河流干流中,元素的含量与该区域岩土中相应元素含量的比值,k_x 值越大,则元素从风化壳中浸出的能力也越强,相反,则越弱。

环境磁学是一门介于地球学、环境学和磁学之间的新兴边缘学科,它可提供大量有关区域环境变化及人类活动对环境影响等重要信息,能探索不同时空尺度的环境作用、环境问题和人类活动的影响,从而揭示环境变化的过程机制。目前,环境磁学在古气候与古环境变化、湖泊沉积、土壤学和环境污染等方面的研究已取得了很大的进展。磁化率(magnetic susceptibility)测试的方法是地球学、环境学、土壤学等学科常用的研究方法,地球表面存在着地磁场,地磁场对地表物质具有磁化作用,磁化率是表示物质磁化难易程度的物理量。

磁化率值越大,说明越容易磁化。同时,磁化率还与温度有关。岩、土在地磁场中也会产生磁化现象,岩、土的磁化率取决于岩、土的矿物种类、矿物含量、结构等因素,同时也与其成生环境(包括运移条件、成生类型、温度等)等因素有关。

Kukla 等的稀释理论提供了一定的理论基础。Kukla 等在 1988 年为了解释黄土 - 古土壤中古土壤初始磁化率增强的原因,而提出了稀释理论。即环境矿物中磁性矿物的来源可归为内源和外源两类:内源是指物质形成和次生变化过程中形成的磁性矿物,在一定时空尺度上是稳定的;外源是以陆源碎屑物形式在外营力的作用下从外界输入的磁性矿物。因此,一切能导致磁性矿物相对富集或稀释的物理因子都会对物质的磁性产生影响。它们不同的物源输入、物质沉积速率的变化、土壤中物质垂直运移以及搬运和沉积分异过程对物质的磁性影响是极为明显的。Thompson 等在《Environmental Magnetism》一书中提出水土流失是导致沉积物磁性增强的一个主要原因。虽然代替稀释理论的土壤化概念在解释黄土 - 古土壤中土壤初始磁化率增强的原因成为当今研究的主流,但就研究一定时期中的土壤侵蚀而言,稀释理论有它现实的意义。

土壤中的磁性信号存在时空差异性,在大尺度范围内磁性矿物分布具有差异性。首先是地质构造和成岩过程决定了不同地域中磁性矿物的种类、含量和赋存方式的不同,其次就是气候、植被、水文等条件的地带性差异决定了土壤化过程的差异性。因此,在大尺度范围内,同一区域磁性矿物的含量具有相对的均一性,不同区域具有明显的差异性。在小尺度范围内或某一流域内,由于土壤侵蚀、植被覆盖、土地利用结构以及微地貌的差异,易引起磁性矿物在流域内局部地区的相对差异性。韩晓非等通过对土壤物理化学性质和土壤磁性参数的分析研究侵蚀红壤垦种熟化后土壤磁性特征的演变规律,他们选取杉木林、草地、橘园、裸地、香樟林、混交林 6 种不同的土地利用方式,分析土壤磁化率和饱和等温剩磁的变化情况,结果表明,同一母质发育,生物气候条件相同的土壤磁化率和饱和等温剩磁的磁性本底值应较为一致,各小区磁化率和饱和等温剩磁的变化明显反映了土壤熟化程度和利用方式对土壤磁性变化的影响,尤其裸地磁化率的下降则反映了裸地地表受强烈侵蚀的结果。利用沉积物磁性作为流域环境变迁的指示剂,湖泊或水库沉积物的磁信息可以揭示流域环境变化的过程和机制。土壤磁化率曲线呈波峰和波谷的形式变化,波峰表示气候温暖湿润,植被繁茂,风尘堆积速率小;而波谷对应于风成沉积层,此时气候相对干燥寒冷、风尘堆积速率大,磁化率可作为记录古气候冷暖变换的代用指标。

国内外自 20 世纪 90 年代以来,物质磁化率的测定和分析被广泛应用于环境变迁研究,同时在城市环境污染、河流、湖泊污染调查、环境变迁等环境课题研究中,磁化率的方法得到广泛应用。由于黄河近代河床中的泥沙沉积物源于河流流水搬运沉积,为外源性物质,而古地面属于原成性古土壤,两者的成生性差异决定了其磁化率的不同,为我们运用磁化率的方法来进行两者的划分提供了可能。

2.2　黄河下游近代河床沉积起始界面研究成果

2.2.1　黄河下游勘探点部位近代河床沉积起始界面研究

为了开展黄河下游近代河床沉积起始界面研究,采用由点到面的研究方法,选择黄河下游的高村作为具体研究部位,钻孔位于山东省东明县高村水文站下游黄河南岸临水河滩边上低凹地形处(低于滩地面 2 m),钻孔高程60 m。钻孔位置见图 2-1。

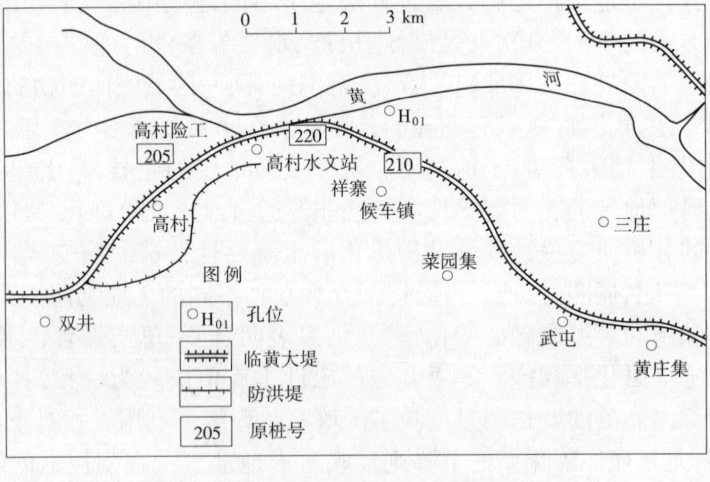

图 2-1　钻孔位置示意图

钻孔采用 150 型汽车钻泥浆护壁进行钻探,回次进尺控制在 0.3 ~ 0.6 m,钻孔深度 12 m,现场对 12 m 深度范围内的岩心进行了地质描述,见表 2-2。

表 2-2 钻孔岩心地质描述

进尺(次)	深度(m)	岩心地质描述	分层层号
1	0~0.3	砂壤土,软塑状,含大量草根,浅黄色	①
2	0.3~0.6	上部砂壤土,软塑状,下部粉砂,浅黄色	
3	0.6~1.0	粉砂,浅黄色,颗粒大小均匀,含长石、石英、云母等矿物	
4	1.0~1.5	粉砂,浅黄色,颗粒大小均匀	
5	1.5~2.0	上部为粉砂,浅黄色,颗粒大小均匀,下部为砂壤土	
6	2.0~2.4	砂壤土,浅黄色,饱和,软塑状	
7	2.4~3.0	粉砂,浅黄色,颗粒大小均匀,含长石、石英、云母等矿物	
8	3.0~3.5	砂壤土,浅黄色,饱和,软塑状	
9	3.5~4.0	粉砂,浅黄色,颗粒大小均匀	
10	4.0~4.6	砂壤土,浅黄色,饱和,软塑状	
11	4.6~5.2	粉砂,浅黄色,颗粒大小均匀,含长石、石英、云母等矿物	
12	5.2~6.6	粉砂,浅黄色,颗粒大小均匀	
13	6.6~7.2	砂壤土,浅黄色,饱和,软塑状	
14	7.2~7.5	粉砂,浅黄色,颗粒大小不均匀,偶含绿豆状砾石,砾石具有较好的磨圆度	
15	7.5~8.1	细砂,浅黄色,颗粒大小不均匀,含绿豆状砾石,砾石具有较好的磨圆度	
16	8.1~8.7	细砂,浅黄色,颗粒大小不均匀,含绿豆状砾石,砾石具有较好的磨圆度	
17	8.7~9.3	灰黑色、灰色、黑色壤土,含腐殖质,硬塑	②
18~23	9.3~12.0	灰黑色、灰色黏土,壤土,含少量大小不一的钙质结核,钙质结核形状不规则,硬塑	

结合钻孔岩心的地质描述从地层划分的角度分析:

(1)钻孔自上而下,大致可以分为6段,第1段(0~0.6 m)为砂壤土,灰黄色,饱和,软塑状;第2段(0.6~2.0 m)为粉砂,浅黄色,颗粒大小均匀,含长石、石英、云母等矿物;第3段(2.0~3.5 m)为浅黄色砂壤土夹粉砂,灰黄色,软塑状;第4段(3.5 ~7.5 m)为浅灰黄色粉砂夹浅黄色砂壤土;第5段(7.5~8.5 m)为浅黄色细砂,颗粒大小不均匀,含绿豆状砾石;第6段(8.5~12 m)为灰色黏土、壤土,含少量黄豆大小钙质结核,硬塑。

(2)现场对6段的地层颜色进行观察,上部1~5段的颜色均以浅色调为主,普遍发黄,颜色以浅黄色为主,反映出其地质历史短、土壤化程度低的特点;而第6段则变化为以深色调为主,普遍发黑,颜色以灰色、黑色为主,并且含腐殖质和钙质结核,反映出其地质历史长、土壤化程度高的特点。

(3)从岩性特征上分析,上部1~5段的岩性少含黏性颗粒,以粉砂为主,上部粉砂颗粒均匀,下部粉砂、细砂颗粒不均匀,并含有砾石,砾石具有较好的磨圆度,反映出河流流水沉积的特征。第6段的岩性为黏土、壤土,属于高黏性土,且黏土、壤土呈硬塑状态,含有大小不一、形状不规则的钙质结核,反映出不同于上部1~5段的地层的成生环境和程度不同的成壤作用。很明显,下部第6段地层的成壤作用要高于上部第1~5段地层的成壤作用。

(4)按照地层成因划分原则,可以将1~5层划分为现黄河河流流水沉积的地层,即第1层地层;第6段划分为非河流成生的而且已经具有一定程度的成壤作用的地层,即第2层地层。两者的分界以深度8.5 m为界,8.5 m以上为第1层,8.5 m以下为第2层。

对钻孔10 m深度范围内的砂土采取散状样品进行室内重金属测试,样品测试的密度按照0.2~0.5 m的间隔进行,样品测试由中国科学院南京土壤研究所承担并完成,Ag(汞)、As(砷)测试采用AF-160AF-2500原子荧光光谱仪原子荧光法,Cu(铜)、Fe(铁)、Mn(锰)、Zn(锌)测试采用等离子发射光谱仪(ICP)全量分析ICP法,试验按照土壤质量铅、镉的测定石墨炉原子吸收分光光度法(GB /T 17141—1997)等国家标准进行,测试结果见表2-3。

根据表2-3数据绘制重金属含量—深度关系曲线,得到图2-2的曲线。

由表2-3可知,深度为8.4~9.0 m,测试样品的重金属含量发生了相对较为明显的变化。8.4 m以上与8.4 m以下相比,Ag含量从0.010~0.029 mg/kg变化为0.006 mg/kg,平均值从0.014 mg/kg变化为0.006 mg/kg;As含量从5.62~8.96 mg/kg变化为4.41~5.00 mg/kg,平均值从7.36 mg/kg变化为4.71 mg/kg;Cu含量从12.46~21.21 mg/kg变化为8.10~10.07 mg/kg,平均值从14.645 mg/kg变化为9.085 mg/kg;Fe含量从21.510~26.200 mg/kg变化为12.160~15.763 mg/kg,平均值从23.945 mg/kg变化为13.960 mg/kg;Zn含量从57.52~88.90 mg/kg变化为50.23~50.65 mg/kg,平均值从71.58 mg/kg变化为50.44 mg/kg。

表 2-3　泥沙样品重金属含量测试结果

样　品 野外编号	深度 (m)	测试结果(mg/kg)					
		Ag	As	Cu	Fe	Mn	Zn
1	3.2 ~ 4.0	0.018	7.53	16.10	23.310	488	68.20
2	4.0 ~ 4.6	0.010	8.96	14.20	25.800	500	72.50
3	4.6 ~ 5.2	0.029	8.13	21.21	26.200	568	88.90
4	5.2 ~ 5.8	0.010	6.64	12.46	22.973	510	69.83
5	5.8 ~ 6.4	0.016	5.62	13.08	26.110	587	73.74
6	6.4 ~ 7.1	0.010	6.86	13.62	23.211	521	70.72
7	7.1 ~ 7.8	0.012	7.58	12.62	22.444	493	71.23
8	7.8 ~ 8.4	0.008	7.54	13.88	21.510	503	57.52
9	8.4 ~ 9.0	0.006	4.41	10.07	15.763	574	50.23
10	9.0 ~ 10.0		5.00	8.10	12.160	322	50.65
分层统计 平均值	3.2 ~ 8.4	0.014	7.36	14.645	23.945	521	71.58
	8.4 以下	0.006	4.71	9.085	13.960	448	50.44
分层统计 平均值比	8.4 m 以下值比 8.4 m 以上值	43%	64%	62%	58%	86%	70%

对表 2-3 中的测试数值进行分层统计分别计算其平均值,3.2 ~ 8.4 m 以上 Ag、As、Cu、Fe、Mn、Zn 的平均值分别为 0.014 mg/kg、7.36 mg/kg、14.645 mg/kg、23.945 mg/kg、521 mg/kg、71.58 mg/kg,8.4 m 以下 Ag、As、Cu、Fe、Mn、Zn 的平均值分别为 0.006 mg/kg、4.71 mg/kg、9.085 mg/kg、13.960 mg/kg、448 mg/kg、50.44 mg/kg,8.4 m 以下值比 8.4 m 以上值 Ag、As、Cu、Fe、Mn、Zn 分别为 43%、64%、62%、58%、86%、70%。

根据文献[141]的研究,地层中重金属平均含量如果发生 40% 以上的突变,可以认为地层成土母质、地层成土过程以及生存环境和运移环境不同,而会出现不同重金属元素在数量上的差异。显然,发生突变的深度可认为是地层的分界位置,即近代河床古地面和近代河流沉积物的分界面。

对图 2-2 中的曲线进行观察可知,曲线在深度 8.4 m 上下发生了相对较为明显的变化。

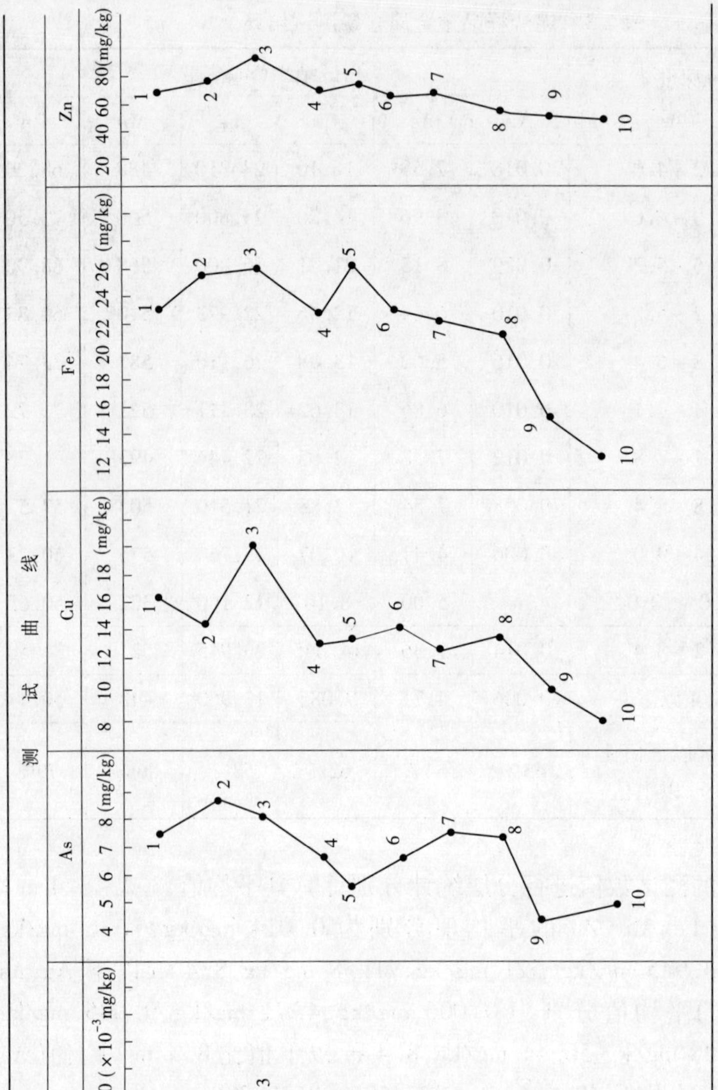

图 2-2　黄河床沉积物样品重金属含量—深度关系曲线

样品重金属测试结果数量上的差异表明，在存在差异的部位所沉积的岩土成生源的不同和运移时间、运移环境的差异，其结果证明了结合钻孔岩心从地层划分的角度所作的两层划分的结论是成立的。

对钻孔 10 m 深度范围内的砂土采取原状样品进行室内磁化率测试，样品测试的密度按照 0.1 ~ 0.25 m 的间隔进行，样品测试由中国地质大学(武汉)古地磁实验室和南京大学环境地质研究所分别承担并完成，样品加工方法是，取适量原状样品装满直径为 2.4 cm、高为 2.3 cm 的圆柱形无磁性样品盒，密封、编号后制成一个测试样。每个标本制一个测试样，共制备 30 个测试样。采用的仪器是南京产 HKB-3 型磁化率仪，测试精度为 0.2×10^{-6}。为确保测试精度，每个样品平行测试三个互相垂直的方位然后取其平均值为最终数据。磁化率测试结果见表 2-4。根据表 2-4 磁化率测试结果绘制磁化率随深度变化曲线，见图 2-3。

表 2-4 磁化率测试结果

样品野外编号	取样深度(m)	测试结果($\times10^{-6}$)	样品野外编号	取样深度(m)	测试结果($\times10^{-6}$)
1	0.50 ~ 0.60	1.448	21	5.00 ~ 5.25	300.5
2	0.60 ~ 0.70	1 200.1	22	5.25 ~ 5.50	330.5
3	0.70 ~ 0.80	632.5	23	5.50 ~ 5.75	350.8
4	0.80 ~ 1.00	580.1	24	5.75 ~ 6.00	310.8
5	1.00 ~ 1.25	550.2	25	6.00 ~ 6.25	350.5
6	1.25 ~ 1.50	660.3	26	6.25 ~ 6.50	386.8
7	1.50 ~ 1.75	480.8	27	6.50 ~ 6.75	409.9
8	1.75 ~ 2.00	450.6	28	6.75 ~ 7.00	470.8
9	2.00 ~ 2.25	580.8	29	7.00 ~ 7.25	520.6
10	2.25 ~ 2.50	620.6	30	7.25 ~ 7.50	550.8
11	2.50 ~ 2.75	520.2	31	7.50 ~ 7.75	533.8
12	2.75 ~ 3.00	500.8	32	7.75 ~ 8.00	420.8
13	3.00 ~ 3.25	490.5	33	8.00 ~ 8.20	389.9
14	3.25 ~ 3.50	680.2	34	8.20 ~ 8.40	430.8
15	3.50 ~ 3.75	700.5	35	8.40 ~ 8.65	177.7
16	3.75 ~ 4.00	470.5	36	8.65 ~ 8.90	270.2
17	4.00 ~ 4.25	550.8	37	8.90 ~ 9.15	240.8
18	4.25 ~ 4.50	459.5	38	9.15 ~ 9.40	190.8
19	4.50 ~ 4.75	550.8	39	9.40 ~ 9.75	255.6
20	4.75 ~ 5.00	650.2	40	9.75 ~ 10.00	270.8

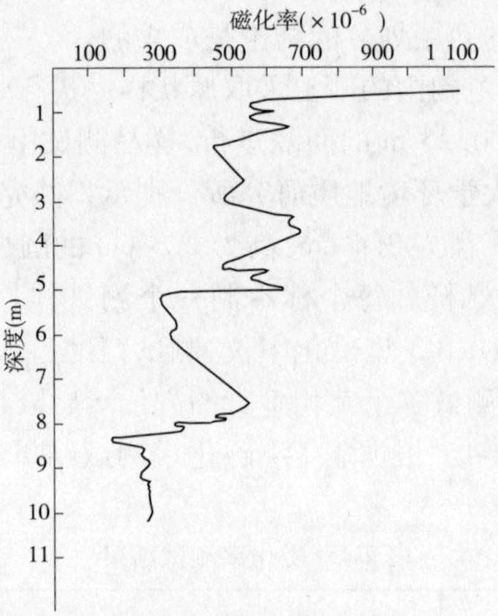

图 2-3　磁化率随深度变化曲线

由表 2-4 和图 2-3 样品的磁化率曲线可知，在深度 8.4 m 以下样品的磁化率发生了相对较为明显的变化，磁化率测试主要数值由 300×10^{-6} 以上变为 300×10^{-6} 以下。磁化率的变化揭示了在深度 8.4 m 附近存在某个界限，在此界限以上，磁化率偏高，磁化率偏高反映出潮湿环境下沉积物的磁化率特征，而在此界限以下，磁化率偏低，磁化率偏低反映出干旱、少水环境下沉积物的环境特征。

众所周知，黄河下游处于冲积平原和石灰岩低山丘陵地区，其风化产物中的铁磁性物质含量很少，而黄河水挟带的黄土泥沙中铁磁性物质相对较高，实测数据表明，磁化率高的样品正是反映了河床沉积物属于外源性物质的特点。

因此，结合以上地质分析方法和重金属方法所作的结论，可以将原始古地面的界限定在 8.5 m。

野外钻探期间，采取了第 6 段的富含腐殖质的黏土、壤土两个样品进行了室内 ^{14}C 测年，^{14}C 测年由中国科学院南京古地理与湖泊研究所承担并完成，^{14}C 测年结果见表 2-5。

表 2-5 第 6 段黏土、壤土^{14}C 测年结果

样品野外编号	样品室内编号	样品野外定名	样品室内定名	样品颜色	样品包含物	样品^{14}C 年代（年 BP）
G01	No. 01	壤土	壤土	灰色	偶含钙质结核	5 000 ± 260
G02	No. 02	黏土	黏土	黑色	偶含钙质结核	5 120 ± 400
G03	No. 03	黏土	黏土	灰黑色	偶含钙质结核	

注：1. ^{14}C 测年在 NNMM 质普仪上完成。
2. 三个样品有一个样品作为备用品。
3. 年代指的是绝对年代。

表 2-5 表明，第 6 段黏土、壤土的成生时代距今 5 000 年前后，属于原始古土壤。这说明，第 6 段黏土、壤土与其上所覆盖的粉砂、细砂、砂壤土是不同地质时代的产物。前者是黄河近代河流沉积而成的，后者是古原始地面。

综上所述，结合地质分析方法、重金属方法、磁化率方法、测年方法四种方法的结果综合分析，不难看出，第 6 段黏土、壤土即为古原始地面，其上的粉砂、细砂、砂壤土即为近代黄河河流沉积物，近代黄河河床沉积起始面即为第 6 段黏土、壤土的顶界面，钻孔位置其深度约为 8.5 m，高程约为 51.5 m。

2.2.2 黄河下游近代河床沉积起始界面研究

黄河下游河道钻孔土样浅层描述资料统计见表 2-6。黄河下游河道的河床地层划分为三个大层，现就研究区的四个河道横断面结合钻探和室内土工试验资料进行说明如下：

（1）第①层。第①层的厚度在黄河下游河道河南兰考东坝头断面（Ⅰ—Ⅰ断面，下同）一带一般为 4.99 ~ 7.76 m，在黄河下游河道坝头集断面（Ⅱ—Ⅱ断面，下同）一带一般为 7.05 ~ 9.69 m，在黄河下游河道刘庄断面（Ⅲ—Ⅲ断面，下同）一带一般为 7.35 ~ 9.58 m，在黄河下游河道王黑断面（Ⅳ—Ⅳ断面，下同）一带一般为 2.1 ~ 7.66 m。第①层的颜色为淡黄色、灰黄色，岩性上部以粉砂、砂壤土为主，局部渐变为壤土、黏土，中部和底部以细砂为主。从钻孔资料分析，该层具有明显的垂直分带性，即下部地层的颗粒粗于上部地层的颗粒，从室内土工试验资料分析，粉砂、细砂具有很好的磨圆度，主要矿物为石英、长石、云母，具有河流冲积物的典型特征，属于黄河河流冲积物。

表 2-6 黄河下游河道钻孔土样浅层描述资料统计

剖面编号	剖面位置	孔号	孔深(m)	钻孔土样鉴别与浅层分层描述	
				第①层	第②层
I—I	黄河下游河道东坝头断面	T_{41}	20	除表部 3.5 m 为人工填筑土外,3.5～7 m 为淡黄色砂壤土,7～10.2 m为淡黄色粉砂,10.2～16.2 m 为淡黄色细砂,16.2～19.6 m 为砂壤土	孔深为 19.6 m,岩性为黄色、黄褐色壤土,见有零星的钙质结核,钙质结核类似黄豆大小
		T_1	20	2 m 以上为黄河河道,2～4.5 m 为黄色粉砂,质纯、松散,颗粒均匀,4.5～10.2 m 为细砂,10.2～12.2 m 为砂壤土、壤土,12.2～18 m 为细砂,细砂主要矿物为长石、云母	孔深 18 m 以下为黄褐色、浅灰色壤土
		T_2	20	3.5 m 以上为黄色粉砂,质纯、松散,颗粒均匀,3.5～8 m 为细砂,8～10.5 m 为砂壤土、黏土,10.5～17 m 为细砂	孔深 17 m 以下为黄褐色、浅灰色壤土,见有零星的钙质结核
		T_4	18	孔深 7 m 以上为粉砂,上部偶见植物根系,7～11 m 为砂壤土,11～15 m 为粉砂	孔深 15 m 以下为黄褐色、浅灰色壤土
		T_6	18	孔深 3.5 m 以上为粉砂,上部偶见植物根系,3.5～7.5 m 为壤土,7.5～15.5 m 为细砂。细砂主要矿物为长石、云母	孔深 15.5 m 以下为黄褐色、浅灰色壤土,见有零星的钙质结核
		T_7	17	孔深 2.5 m 以上为粉砂,上部偶见植物根系,2.5～15 m 为细砂。细砂主要矿物为长石、云母	孔深 15 m 以下为黄褐色、浅灰色壤土
		T_3	15	孔深 5.5 m 以上为粉砂,5.5～11.5 m 为细砂。细砂主要矿物为长石、云母	孔深 11.5 m 以下为浅灰色壤土
		T_9	15	孔深 2 m 以上为黏土,含植物根系,2～6 m 为粉砂,6～12.5 m 为细砂。细砂主要矿物为长石、云母	孔深 12.5 m 以下为浅灰色壤土,见有零星的钙质结核

续表 2-6

剖面编号	剖面位置	孔号(m)	孔深(m)	钻孔土样鉴别与浅层分层描述	
				第①层	第②层
Ⅱ—Ⅱ	黄河下游河道坝头集断面	T_2	60.4	孔深 14.5 m 以上为粉砂,粉砂颗粒均匀、纯净,磨圆度好,粉砂主要矿物为长石、云母	孔深 14.5 m 以下为浅灰色壤土夹灰黑色腐殖质,并见有零星的钙质结核
		T_3	101.5	孔深 16.5 m 以上为粉砂,粉砂颗粒均匀、纯净,磨圆度好,粉砂主要矿物为长石、云母	孔深 16.5 m 以下为浅灰色壤土夹灰黑色砂壤土,并见有零星的钙质结核
		T_4	103.45	孔深 2.5 m 以上为黄河河道,2.5 ~ 12.5 m 为粉砂,粉砂颗粒均匀、纯净,下部稍粗,磨圆度好,粉砂主要矿物为长石、云母	孔深 12.5 m 以下为浅灰色壤土夹灰黑色砂壤土
		T_5	100.00	孔深 5 m 以上为粉砂,5 ~ 9.5 m 为细砂,颗粒不均匀。9.5 ~ 10.5 m 为浅灰色壤土,10.5 ~ 11 m 为细砂,颗粒明显粗于上部细砂	孔深 11 m 以下为浅灰色壤土夹灰黑色砂壤土,见有零星的钙质结核
		T_6	100.12	孔深 4.5 m 以上为粉砂,4.5 ~ 11.5 m 为细砂,颗粒均匀	孔深 11.5 m 以下为浅灰色壤土夹灰黑色黏土
		T_7	100.18	孔深 3 m 以上为黄河河道,3 ~ 5.5 m 为粉砂,粉砂颗粒均匀、纯净,下部稍粗,磨圆度好。5.5 ~ 9.5 m 为细砂,颗粒不均匀	孔深 9.5 m 以下为浅灰色壤土夹灰黑色黏土、灰黑色砂壤土,见有零星的钙质结核
		T_8	100.20	孔深 7.5 m 以上为粉砂,7.5 ~ 12 m 为粉砂、细砂。细砂主要矿物为长石、云母。磨圆度好,颗粒不均匀	孔深 12 m 以下为浅灰色壤土夹灰黑色黏土、灰黑色砂壤土
		T_9	60.00	孔深 3 m 以上为粉砂,3 ~ 11.5 m 为粉砂、细砂。细砂主要矿物为长石、云母。磨圆度好,颗粒不均匀	孔深 11.5 m 以下为浅灰色壤土
		T_{10}	60.00	孔深 2.5 m 以上为壤土,2.5 ~ 5 m 为粉砂、细砂,粉砂、细砂颗粒均匀、纯净,下部稍粗,磨圆度好。5 ~ 13 m 为粉砂、细砂,颗粒不均匀	孔深 13 m 以下为浅灰色壤土

续表 2-6

剖面编号	剖面位置	孔号	孔深(m)	钻孔土样鉴别与浅层分层描述	
				第①层	第②层
Ⅱ—Ⅱ	黄河下游河道坝头集断面	T_{11}	54.78	孔深 3 m 以上为砂壤土,3 ~ 6.5 m 为淡黄色壤土,6.5 ~ 8 m 为粉砂,粉砂颗粒均匀、纯净,下部稍粗,磨圆度好。8 ~ 14 m 为细砂,细砂颗粒不均匀	孔深 14 m 以下为浅灰色壤土,见有零星的钙质结核
Ⅲ—Ⅲ	黄河下游河道刘庄断面	T_1	30.01	孔深 6.5 m 以上为砂壤土,6.5 ~ 13.5 m 为粉砂、细砂,粉砂、细砂颗粒不均匀,下部稍粗,磨圆度好,分选性差	孔深 13.5 m 以下为浅灰色壤土,见有零星的钙质结核
		T_2	30.15	孔深 16 m 以上为粉砂、细砂,粉砂、细砂颗粒不均匀,下部稍粗,磨圆度好,分选性差。细砂中偶见黏土团块	孔深 16 m 以下为浅灰色壤土,见有零星的钙质结核
		T_3	30.02	孔深 1 m 以上为粉砂,1 ~ 1.5 m 为灰黄色砂壤土,1.5 ~ 7.5 m 为灰黄色粉砂、细砂,7.5 ~ 8.75 m 为壤土,8.75 ~ 12.5 m 为灰黄色粉砂、细砂	孔深 12.5 m 以下为浅灰色壤土,见有零星的钙质结核
		T_4	30.00	孔深 3 m 以上为砂壤土,3 ~ 8 m 为粉砂、细砂,粉砂、细砂颗粒不均匀,下部稍粗,磨圆度好,分选性差,偶见小圆砾	孔深 8 m 以下为浅灰色砂壤土
		T_5	30.06	孔深 1 m 以上为粉砂,1 ~ 7.5 m 为灰黄色砂壤土,7.5 ~ 8 m 为灰黄色粉砂、细砂,粉砂、细砂颗粒不均匀,下部稍粗,磨圆度好,分选性差,偶见小圆砾	孔深 8 m 以下为浅灰色壤土夹黏土,壤土、黏土呈可塑状,并见有钙质结核
		T_6	30.05	孔深 6 m 以上为砂壤土,6 ~ 10.5 m 为灰黄色粉砂、细砂,粉砂、细砂颗粒不均匀,下部稍粗,磨圆度好,分选性差	孔深 10.5 m 以下为灰黄色砂壤土夹壤土,呈可塑状,并见有钙质结核

续表 2-6

剖面编号	剖面位置	孔号	孔深(m)	钻孔土样鉴别与浅层分层描述	
				第①层	第②层
Ⅲ—Ⅲ	黄河下游河道刘庄断面	T_7	24.65	孔深3 m以上为粉砂,3~8 m为灰黄色砂壤土,8~11 m为灰黄色粉砂、细砂,粉砂、细砂颗粒不均匀,下部稍粗,偶见小圆砾	孔深11 m以下为灰黄色砂壤土、壤土,呈可塑状,并见有钙质结核
		T_{14}	29.99	孔深1.25 m以上为粉砂,1.25~7.5 m为灰黄色砂壤土,7.5~9 m为灰黄色粉砂、细砂	孔深9 m以下为灰黄色砂壤土,呈可塑状
		T_9	29.35	孔深4.5 m以上为粉砂,4.5~5.5 m为灰黄色壤土,4.5~12 m为灰黄色粉砂、细砂。粉砂、细砂颗粒不均匀,下部稍粗,偶见小圆砾	孔深12 m以下为灰黄色砂壤土,呈可塑状
		T_{10}	30.30	孔深10.5 m以上为砂壤土,10.5~13 m为灰黄色粉砂、细砂	孔深13 m以下为灰黄色砂壤土,呈可塑状
Ⅳ—Ⅳ	黄河下游河道王黑断面	T_{21}	70.7	孔深10 m以上为砂壤土,10~13 m为灰黄色粉砂,粉砂颗粒均匀,具有较好的磨圆度	孔深13 m以下为灰黑色壤土,壤土呈可塑状,见零星钙质结核
		T_{24}	73.14	孔深5 m以上为砂壤土,5~13 m为灰黄色粉砂,粉砂颗粒均匀,具有较好的磨圆度	孔深13 m以下为灰黑色砂壤土,壤土呈可塑状
		T_{25}	74.16	孔深4 m以上为砂壤土,4~13 m为灰黄色粉砂,粉砂颗粒均匀,具有较好的磨圆度	孔深13 m以下为灰黑色砂壤土,砂壤土呈可塑状
		T_{26}	65.29	孔深4 m以上为砂壤土,4~10.5 m为灰黄色粉砂,粉砂颗粒均匀,具有较好的磨圆度	孔深10.5 m以下为灰黑色砂壤土,呈可塑状,见零星钙质结核
		T_{28}	70.71	孔深8 m以上为灰黄色粉砂,粉砂颗粒均匀,具有较好的磨圆度	孔深8 m以下为灰黑色砂壤土,呈可塑状,见零星钙质结核
		T_{29}	75.50	孔深2 m以上为黄河河道,2~8 m为灰黄色粉砂,粉砂颗粒均匀,具有较好的磨圆度	孔深8 m以下为灰黑色砂壤土,呈可塑状,见零星钙质结核

续表 2-6

剖面编号	剖面位置	孔号	孔深(m)	钻孔土样鉴别与浅层分层描述	
				第①层	第②层
Ⅳ—Ⅳ	黄河下游河道王黑断面	T_{31}	75.03	孔深 2 m 以上为黄河河道,2~12.5 m为灰黄色粉砂,粉砂颗粒均匀,具有较好的磨圆度	孔深 12.5 m 以下为灰黑色砂壤土,呈可塑状
		T_{33}	74.85	孔深3.5 m以上为砂壤土,3.5~10 m为灰黄色粉砂,粉砂颗粒不均匀,下部稍粗,具有较好的磨圆度	孔深 10 m 以下为灰黑色壤土,呈可塑状
		T_{35}	75.91	孔深 6 m 以上为砂壤土,6~7.5 m 为灰黄色壤土,7.5~10 m为粉砂,颗粒均匀,具有较好的磨圆度	孔深 10 m 以下为灰黑色壤土,呈可塑状
		T_{36}	65.95	孔深 4 m 以上为砂壤土,4~5.5 m 为灰黄色粉砂,5.5~7.5 m 为壤土,7.5~10.5 m 为粉砂,颗粒均匀,具有较好的磨圆度	孔深 10.5 m 以下为灰黑色壤土,呈可塑状
		T_{37}	71.21	孔深 4 m 以上为砂壤土,4~6.5 m 为灰黄色粉砂,6.5~8 m为壤土,8~16.5 m 为粉砂,颗粒不均匀,具有较好的磨圆度	孔深 16.5 m 以下为灰黑色壤土,呈可塑状
		T_{38}	65.12	孔深5 m以上为砂壤土, 5~6 m为灰黄色粉砂,6~11.5 m为壤土,11.5~16.25 m 为粉砂,颗粒不均匀,具有较好的磨圆度	孔深 16.25 m 以下为灰黑色壤土,呈可塑状
		T_{39}	69.64	孔深5 m以上为砂壤土,5~8 m为灰黄色壤土,8~9.5 m为粉砂,9.5~11.5 m 为壤土,11.5~15.2 m 为粉砂,颗粒不均匀,具有较好的磨圆度	孔深 15.2 m 以下为灰黑色壤土,呈可塑状
		T_{40}	54.78	孔深1.5 m以上为砂壤土,1.5~4.7 m 为灰黄色壤土,4.7~9.3 m为粉砂,9.3~10.5 m 为壤土,10.5~16.2 m 为粉砂,粉砂颗粒不均匀,具有较好的磨圆度	孔深 16.2 m 以下为灰黑色壤土,呈可塑状

(2)第②层。第②层埋深在黄河下游河道河南兰考东坝头断面一带一般在7.76 m以下(未见底),在黄河下游河道坝头集断面一带为9.69 m以下,在黄河下游河道刘庄断面一带一般为9.58 m以下,在黄河下游河道王黑断面一带一般为7.66 m以下。第②层颜色以黄灰色、灰褐色、灰黑色壤土、砂壤土为主,局部为黏土,黏土呈可塑状,并见有零星分布的钙质结核,显示出土壤化的特征。该层局部见有灰黑色、黑色腐殖质。该层总的特点是,以深色为主色调、以黏性土为主、表部呈现出土壤化的特征。

(3)第③层。在黄河下游河道坝头集断面一带埋深在26 m以下(未见底),在黄河下游河道刘庄断面一带埋深在21 m以下(未见底),在黄河下游河道王黑断面一带埋深在24 m以下(未见底),研究区最深钻孔103.45 m未打穿该层。该层颜色为黄灰色、灰褐色、灰黑色,该层岩性上部以壤土、砂壤土为主,局部为黏土,壤土、砂壤土、黏土呈可塑状—硬塑状,并见有大量分布的钙质结核,该层中部及下部为粉砂、细砂、中砂,并见有贝壳碎片。该层总的特点是,以深色为主色调、以黏性土和砂性土交替出现为特征,属于时代较老的冲积、洪积、河湖积、海积堆积物,区域地质资料揭示,该层为上更新世沉积地层。

2.2.3 黄河下游近代河床沉积起始界面确定

根据对黄河下游河道的河床地层划分和磁化率方法、重金属方法、^{14}C测试结果的分析,综合以上研究结果,可得出以下结论:

第①层为黄河近代河流沉积物,即黄河在1855年铜瓦厢决口以后沿着近代河床"新近"沉积的河流泥沙堆积物。

第②层为黄河在1855年铜瓦厢决口以前的古地面,即黄河在1855年铜瓦厢决口以后沿着古地面行水、河流泛滥并沿其堆积泥沙而成为黄河的新河床。

黄河下游近代河床沉积起始界面可以确定为第②层的顶面。

确定了黄河下游近代河床沉积起始界面,可以对黄河下游近代河床沉积起始界面(河床)的特征进行研究。

为了研究黄河下游近代河床沉积起始界面的特征,做出了横跨黄河河道的四个横断面的地质剖面和一个沿黄河流向的河道地质纵剖面,见研究区地质横剖面(见图2-4~图2-7)和研究区河道地质纵剖面(见图2-8)。

对黄河河道的四个横断面的地质剖面和沿黄河流向的河道地质纵剖面进行统计,统计结果见表2-7。

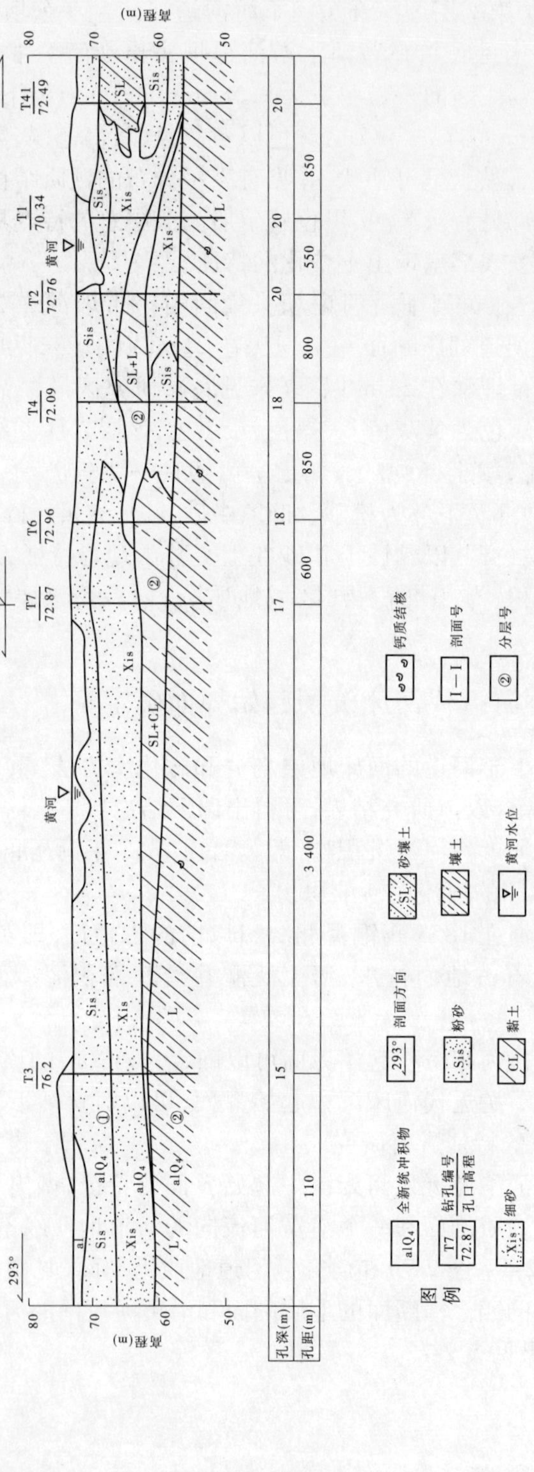

图 2-4　研究区地质横剖面图（Ⅰ—Ⅰ）

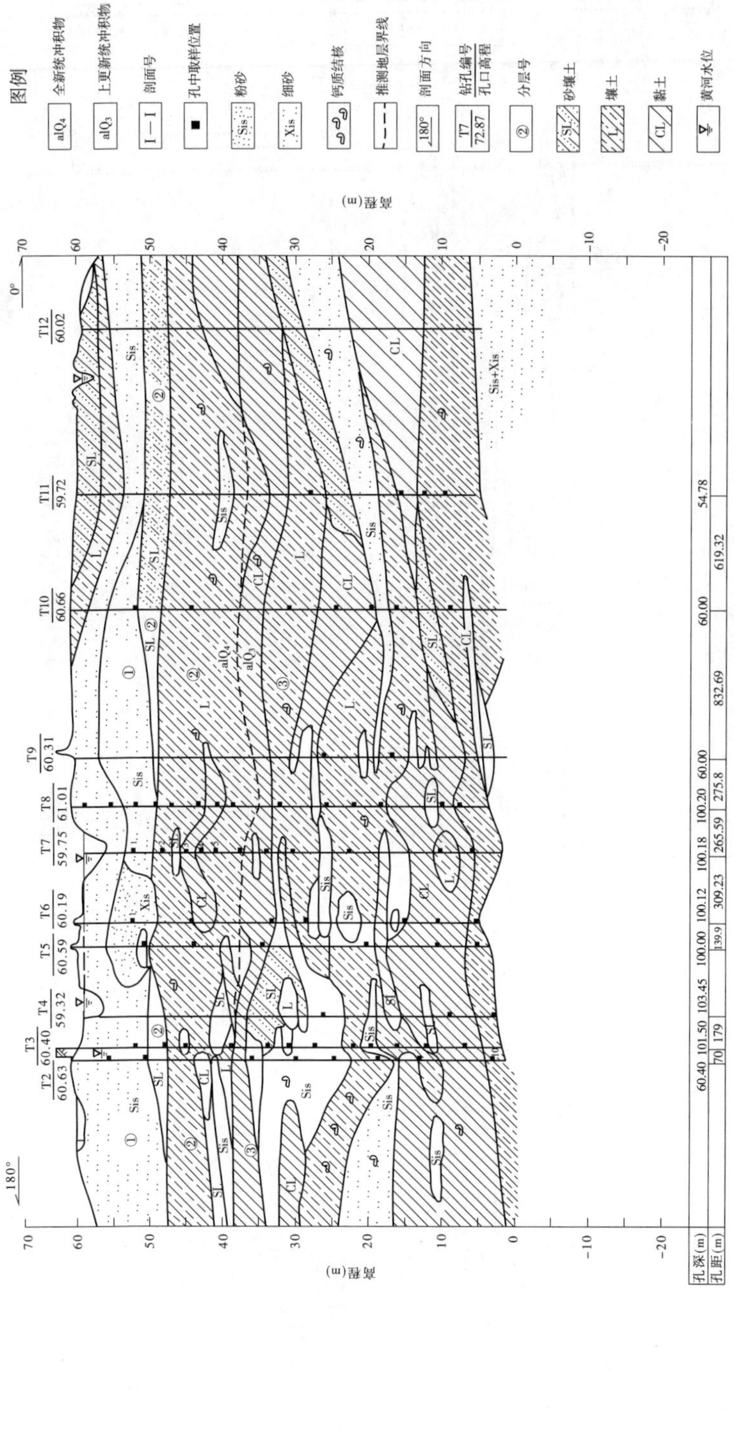

图 2-5 研究区地质横剖面图(Ⅱ—Ⅱ)

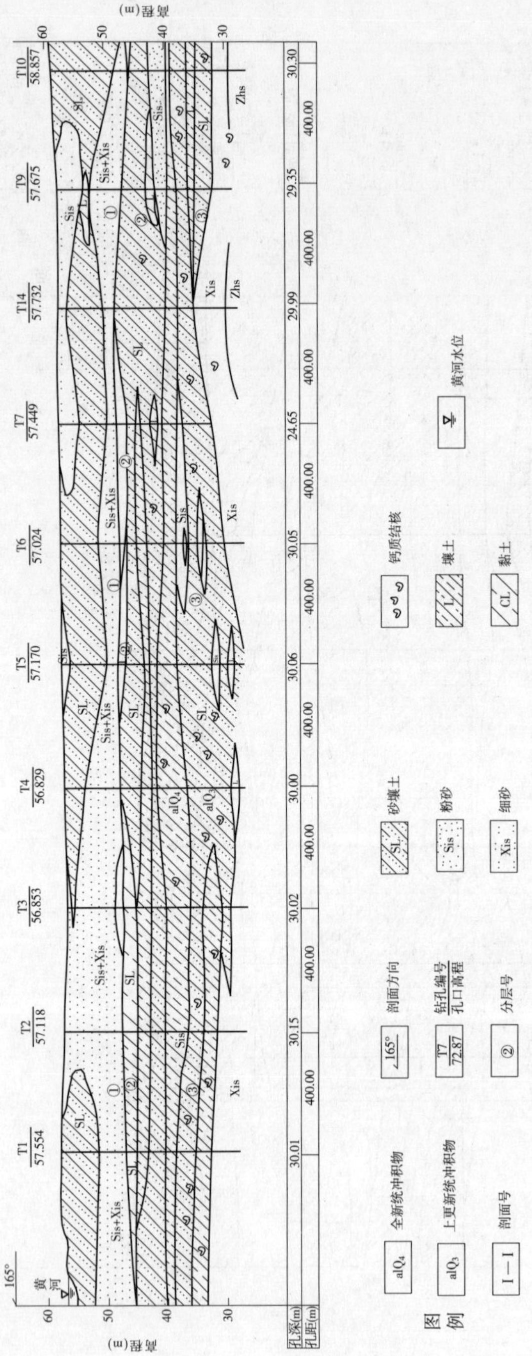

图 2-6　研究区地质横剖面图(Ⅲ—Ⅲ)

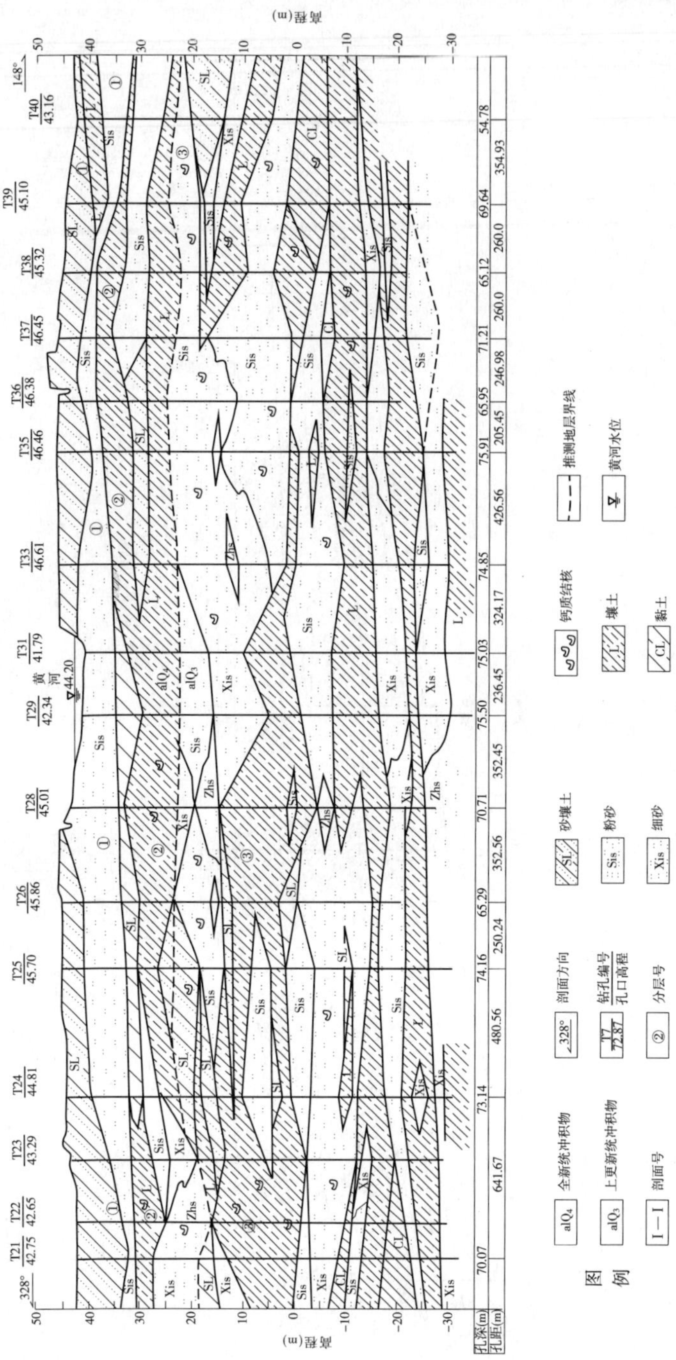

图 2-7　研究区横剖面图（Ⅳ—Ⅳ）

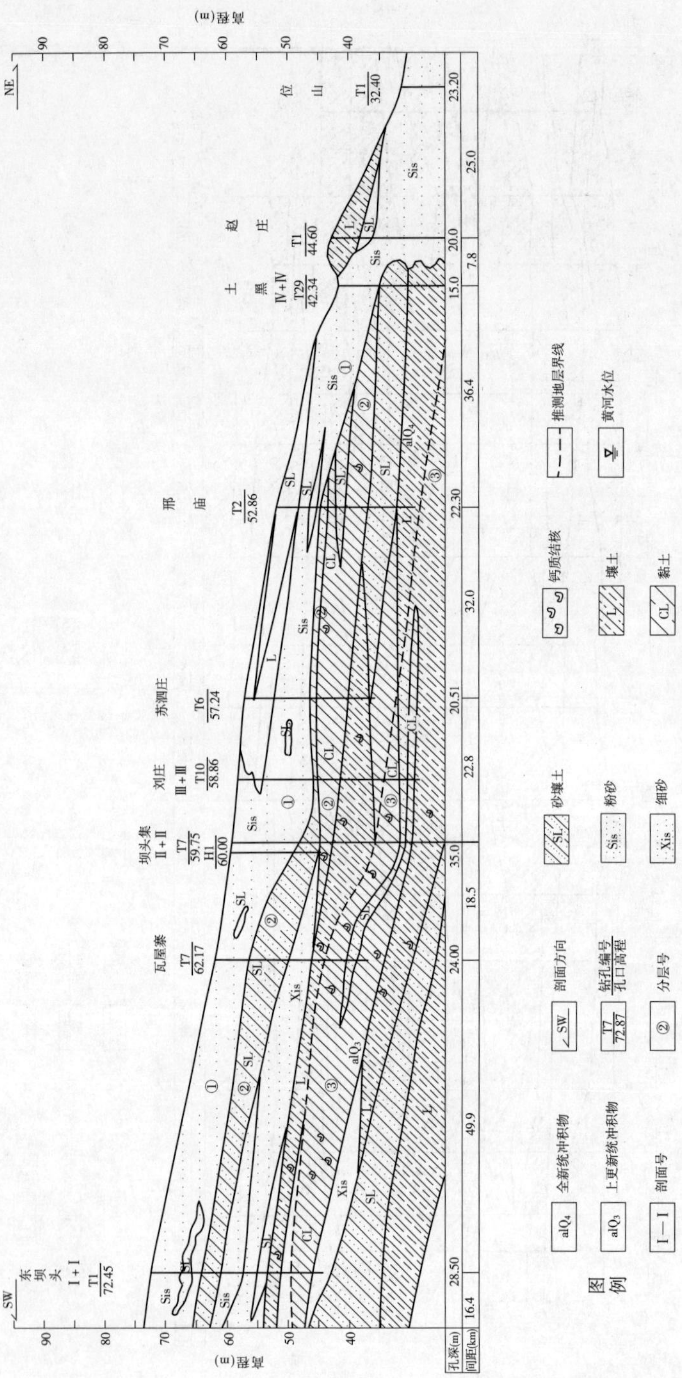

图 2-8　研究区河道地质纵剖面图(1—1)

表 2-7　黄河下游近代河床沉积起始界面特征

剖面	高程(m)		高差(m)	起伏度(‰)	界面形态描述
	最低点	最高点			
Ⅰ—Ⅰ地质剖面	52.99	65.70	12.71	1.726	西部(左岸)稍高于东部(右岸),东部地势低洼,中间略向上凸起,整个沉积起始界面(古地面)略有起伏
Ⅱ—Ⅱ地质剖面	46.13	49.79	3.66	5.910	北部(左岸)和南部(右岸)沉积起始界面(古地面)地势接近,整个沉积起始界面(古地面)略有起伏,中间略向上凸起
Ⅲ—Ⅲ地质剖面	44.05	47.87	3.82	2.390	北部(左岸)和南部(右岸)沉积起始界面(古地面)地势接近,整个沉积起始界面(古地面)略有起伏
Ⅳ—Ⅳ地质剖面	26.66	37.96	11.30	8.51	北部(左岸)稍高于南部(右岸),东部地势低洼,中间略向上凸起,整个沉积起始界面(古地面)略有起伏
河道地质纵剖面(1—1剖面)	37.34	57.45	20.11	0.130	西高东底,纵向上整个沉积起始界面(古地面)呈向上凹的波状地势

注:表中高程、高差、起伏度的计算均以钻孔测量资料进行。

由表2-7可以得出结论:

黄河下游近代河床沉积起始界面(古地面)地势低洼,横向上,中间略向上凸起,北部(左岸)略高于南部(右岸),地形略向南倾斜,与现代地形特征基本符合;纵向上,西高东低,整个沉积起始界面(古地面)呈向上凹的波状地势。

3 黄河下游近代河床沉积物沉积速率研究和沉积时间关系式研究

3.1 黄河下游近代河床沉积物沉积速率研究

3.1.1 概述

维持黄河健康生命是实现人与自然和谐相处的必然途径，要实现维持黄河健康生命的目标，我们必须要研究黄河生命的演化过程，河床沉积物沉积速率是研究黄河生命演化的重要参数，同时它也是河流治理的重要基础性资料，对于环境演变研究和国土资源规划同样具有重要的意义。

在环境演变研究中，河流沉积系统的演变研究是一个重要的组成部分，河流沉积系统是一个对于其他环境要素（如气候、人类活动等）变化十分灵敏的开放系统，按照 S. A. Schumm 的划分，一个流水沉积系统可分为三个部分，即流域上部的侵蚀带、中部的泥沙输移带、下部的泥沙沉积带，流水沉积系统的每一个部分都经历了各自的历史发育阶段、成长阶段。黄河下游近代河床属于黄河的下部泥沙沉积带，自 1855 年算起，它至少有 150 年的历史，然而在我国，近代利用仪器观测的时期仅仅 50 多年，在全球范围内也不过百年，因此迫切要求采用各种各样的方法和技术来获得近代仪器观测期之前的河流信息资料，这也是全球环境演变研究的前沿性课题之一，对黄河下游近代河床沉积物沉积速率研究而言，关键也是时间标尺的建立问题，核心问题是目前黄河下游河床沉积泥沙的沉积起始界面在何处。前面对黄河下游河床沉积泥沙沉积起始界面研究的成果为我们研究这一问题创造了条件。

黄河沉积系统沉积速率的研究一直也是黄河泥沙研究和黄河河床演变研究的热点和难点。黄河沉积系统沉积速率的研究方法概括起来可以分为两大类。

第一类是直接性方法，这类方法采用测绘地图套绘的方法，自 20 世纪 50 年代起，人们开始使用仪器对黄河进行系统观测和测量，获得了大量的观测资料。通过20世纪50年代人们开始使用仪器进行黄河观测、测量以来所获得的不同时期黄河的河道地形图、河势图和断面图进行同一部位河底高程变化的对比研究来进行黄河沉积泥沙速率的研究。这类方法所获得的黄河沉积泥沙速率着重反映黄河距今50年来的泥沙沉积问题,也称为现黄河泥沙沉积速率研究方法。

第二类是间接性方法,采用考古学、地貌学和沉积学相结合的方法,以获得黄河沉积系统包括沉积扇、废弃古河道等的泥沙沉积速率,这类方法所获得的黄河沉积泥沙速率着重反映黄河明、清以前甚至是公元前古黄河的泥沙沉积问题,也称为古代黄河泥沙沉积速率研究方法。本书采用直接性方法和间接性方法相结合,对黄河下游近代河床泥沙沉积速率进行研究。

3.1.2 黄河下游近代河床沉积物沉积速率研究成果

根据前面对黄河下游近代河床泥沙沉积起始界面的研究,可以确定出黄河下游近代河床的泥沙沉积厚度,再根据历史文献记载和河道地形图所反映的河道行水情况以获得沉积时间,进而可以得到沉积速率指标。

表3-1是根据黄河下游近代河道钻孔进行统计计算所得到的泥沙沉积速率指标。

表3-1 泥沙沉积速率指标

剖面编号	剖面位置	孔号	孔深(m)	第①层厚度(m)	沉积速率 Q(cm/年)	沉积速率 Q 范围值(cm/年)	RFM方法处理后的沉积速率均值(cm/年)
I—I	东坝头断面	T_1	20	5. 90	4. 15	3. 51 ~6. 88	4. 70(变异系数0. 19)
		T_2	20	7. 36	5. 18		
		T_4	18	5. 99	4. 22		
		T_6	18	7. 76	5. 46		
		T_7	17	9. 77	6. 88		
		T_3	15	9. 20	6. 48		
		T_{41}	20	4. 99	3. 51		

续表 3-1

剖面编号	剖面位置	孔号	孔深（m）	第①层厚度（m）	沉积速率 Q（cm/年）	沉积速率 Q 范围值（cm/年）	RFM 方法处理后的沉积速率均值（cm/年）
Ⅱ—Ⅱ	坝头集断面	T_4	103.45	8.02	5.64	4.96～8.59	5.70（变异系数 0.08）
		T_5	100.0	9.09	6.40		
		T_6	100.12	9.90	6.97		
		T_7	100.18	7.05	4.96		
		T_8	100.20	12.21	8.59		
		T_9	60.0	10.51	7.40		
		T_3	60.0	7.80	5.49		
		T_2	65.0	7.82	5.51		
		T_{10}	65.0	8.16	5.75		
		T_{11}	60.0	9.22	6.49		
		T_{12}	60.0	8.22	5.78		
Ⅲ—Ⅲ	刘庄断面	T_1	30.01	9.35	6.58	5.80～7.98	5.80（变异系数 0.03）
		T_2	30.15	8.33	5.87		
		T_3	30.02	7.35	5.81		
		T_4	30.00	8.23	5.80		
		T_5	30.06	8.67	6.16		
		T_6	30.00	8.72	6.14		
		T_{14}	30.00	8.33	5.86		
		T_9	30.00	9.58	6.75		
		T_{10}	30.00	11.33	7.98		
Ⅳ—Ⅳ	王黑断面	T_{25}	74.16	12.2	8.59	1.48～8.59	5.20（变异系数 0.2）
		T_{26}	65.29	10.50	7.39		
		T_{28}	70.71	10.21	7.19		
		T_{29}	75.50	6.74	4.75		
		T_{31}	75.03	6.29	4.43		
		T_{33}	74.85	10.00	7.04		
		T_{35}	75.91	7.66	5.39		
		T_{37}	71.21	7.25	5.11		
		T_{38}	65.12	6.02	4.24		
		T_{39}	69.64	4.10	2.89		
		T_{40}	54.78	2.10	1.48		

钻孔资料获得的黄河下游近代河床泥沙沉积速率代表的是河道中某一点的泥沙沉积速率，为了获得断面的泥沙沉积速率的代表性指标，通常采用数学方法进行数据处理，常用的是算术平均值方法，这种方法常常进行两类数学处理。一种方法认为所研究的数据中的“孤值”没有代表性，而应该将“孤值”删除，强调孤值不应进入数据处理计算，当然，在“孤值”的判定上一方面靠经验，另一方面靠判断，因而这种方法实质上是一种人为的对样本处理结果的干扰和影响。另一种方法认为所研究的数据赋予的任一信息都来自于研究对象的特性，是对所研究对象实际性态的一种综合反映，应“尊重”所有的数据信息而不应该掺杂有人为理念，因而主张全部数据都应参与计算。很显然，这两种方法都存在明显不可取之处，第一种方法很可能为筛掉“孤值”而以牺牲部分有用信息为代价，其结果必然导致对最终结果的人为歪曲；第二种方法将使所获得的数据结果的平均值受少数信息的干扰影响而产生偏差。为了克服此缺点，本文采用随机－模糊的方法（random-fuzzy method）进行数据处理，以获得黄河下游近代河床泥沙的沉积速率的代表性指标。

设根据每一钻孔所获得的沉积速率数据值 $Q_{u1},Q_{u2},Q_{u3},\cdots,Q_{un}$ 为样本值，我们要用样本值来估算整体。为此，可具体表述为样本值的均值 $\overline{Q}_{um}$ 及评价方差 σ^2。引用文献[153]的推导如下。

对于所研究的问题，取论域为 $U=\{Q_{u1},Q_{u2},Q_{u3},\cdots,Q_{un}\}$，$\underset{\sim}{A}$ 为 U 上的一个模糊子集，论域 U 中的元素 $Q_{ui}(i=1,2,\cdots,n)$ 对于 $\underset{\sim}{A}$ 的隶属度 $\mu_A(Q_{ui})$，所求的 $\underset{\sim}{A}$ 的核 A 为

$$A = \{\overline{Q}_{um} \mid \mu_A(\overline{Q}_{um}) = 1\} \tag{3-1}$$

$$\overline{Q}_{um} = f(Q_{ui}) \tag{3-2}$$

那么式(3-2)就是给定的参数所具有的统计性特征。

根据所论问题的性质，采用如下形式的隶属函数

$$\mu_{\underset{\sim}{A}}(Q_{ui}) = \exp[-D_{i1}(Q_{ui},\overline{Q}_{um}) \tag{3-3}$$

式中 D_{i1} 是 Q_{ui} 关于模糊集合 $\underset{\sim}{A}$ 的核点 $\overline{Q}_{um}$ 的马氏距离。其表达式为

$$D_{i1} = (Q_{ui} - \overline{Q}_{um})^2\omega_i \tag{3-4}$$

这里，ω_i 习惯上称为权重。为方便起见，取

$$\omega_i = const = \omega_{01} \tag{3-5}$$

显然，隶属函数式(3-3)具有这样的规律，Q_{ui} 距核点 $\overline{Q}_{um}$ 的马氏距离 D_{i1} 越大；则它对 $\underset{\sim}{A}$ 的隶属程度越小，Q_{ui} 距核点 $\overline{Q}_{um}$ 的马氏距离 D_{i1} 越小，则它对 $\underset{\sim}{A}$ 的隶属度越大；在核点处，隶属度最大为 1。因此，$\mu_{\underset{\sim}{A}}(Q_{ui})$ 可以写成

$$\mu_{\underset{\sim}{A}}(Q_{ui}) = \nu_{\underset{\sim}{A}}(D_{i1}) \tag{3-6}$$

隶属函数确定之后，可按使实际样本值整体上隶属于样本模糊子集$\underset{\sim}{A}$的隶属程度最大的原则，寻找$\overline{Q}_{um}$所具有的统计特征。为此，组成目标函数

$$J_1 = \sum_{i=1}^{n} \mu_{\underset{\sim}{A}}(Q_{ui}) = \max \tag{3-7}$$

将式(3-6)代入式(3-7)得

$$J_1 = \sum_{i=1}^{n} \nu_{\underset{\sim}{A}}(D_{i1}) = \max \tag{3-8}$$

对于式(3-8)有

$$\frac{\mathrm{d}J_1}{\mathrm{d}\overline{Q}_{um}} = \frac{\partial J_1}{\partial D_{i1}} \frac{\mathrm{d}D_{i1}}{\mathrm{d}\overline{Q}_{um}} = \sum_{i=1}^{n} \nu'_{\underset{\sim}{A}}(D_{i1}) \frac{\mathrm{d}D_{i1}}{\mathrm{d}\overline{Q}_{um}} = 0 \tag{3-9}$$

将式(3-4)、式(3-5)、式(3-6)代入式(3-9)得

$$\sum_{i=1}^{n} \nu'_{\underset{\sim}{A}}(D_{i1})[-2\omega_{01}(Q_{ui} - \overline{Q}_{um})] = 0 \tag{3-10}$$

由式(3-10)得

$$\overline{Q}_{um} = \frac{\sum_{i=1}^{n} \nu'_{\underset{\sim}{A}}(D_{i1}) Q_{ui}}{\sum_{i=1}^{n} \nu'_{\underset{\sim}{A}}(D_{i1})} \tag{3-11}$$

设ξ是基于样本值$U = \{Q_{u1}, Q_{u2}, \cdots, Q_{un}\}$的随机－模糊变量，即令

$$\xi_i = (Q_{ui} - \overline{Q}_{um})^2 \tag{3-12}$$

取值为$R = \{\xi_1, \xi_2, \cdots, \xi_n\}$

$$= \{(Q_{u1} - \overline{Q}_{um})^2, (Q_{u2} - \overline{Q}_{um})^2, \cdots, (Q_{un} - \overline{Q}_{um})^2\}$$

取ξ_i对于论域R上的模糊子集 $\underset{\sim}{B}$的隶属函数为

$$\mu_{\underset{\sim}{B}}(\xi_i) = \exp[-D_{i2}(\xi_i, S^2)] \tag{3-13}$$

式中，D_{i2}是ξ_2关于模糊子集 $\underset{\sim}{B}$的核点S^2的马氏距离，其表达式为

$$D_{i2} = (\xi_i - S^2)^2 \omega_{02} \tag{3-14}$$

ω_{02}为常数，顾及到Q_{ui}、ξ_i、Q_{i2}之间的关系，可以将$\mu_{\underset{\sim}{B}}(\xi_i)$记为

$$\mu_{\underset{\sim}{B}}(\xi_i) = F_{\underset{\sim}{B}}(Q_{ui}) = \nu_{\underset{\sim}{B}}(D_{i2}) \tag{3-15}$$

组成目标函数

$$J_2 = \sum_{i=1}^{n} F_{\underset{\sim}{B}}(Q_{ui}) = \sum_{i=1}^{n} \mu_{\underset{\sim}{B}}(\xi_i) = \max \tag{3-16}$$

将式(3-15)代入式(3-16)得

$$J_2 = \sum_{i=1}^{n} \nu_{\underset{\sim}{B}}(D_{i2}) = \max \tag{3-17}$$

对于式(3-17),有

$$\frac{\mathrm{d}J_2}{\mathrm{d}S^2} = \frac{\partial J_2}{\partial D_{i2}}\frac{\mathrm{d}D_{i2}}{\mathrm{d}S^2} = \sum_{i=1}^{n} \nu'_{\underset{\sim}{B}}(D_{i2})\frac{\mathrm{d}D_{i2}}{\mathrm{d}S^2} = 0 \tag{3-18}$$

将式(3-14)代入式(3-18)得

$$\sum_{i=1}^{n} \nu'_{\underset{\sim}{B}}(D_{i2})[-2\omega_{02}(\xi_i - S^2)] = 0 \tag{3-19}$$

由式(3-19)和式(3-12)得

$$S^2 = \frac{\sum_{i=1}^{n} \nu'_{\underset{\sim}{B}}(D_{i2})(Q_{ui} - \overline{Q}_{um})^2}{\sum_{i=1}^{n} \nu'_{\underset{\sim}{B}}(D_{i2})} \tag{3-20}$$

式(3-20)为总体方差所服从的随机-模糊统计公式,而样本方差所服从的随机-模糊统计关系有

$$\sigma^2 = \frac{n}{n-1}S^2 = \frac{n}{n-1}\frac{\sum_{i=1}^{n} \nu'_{\underset{\sim}{B}}(D_{i2})(Q_{ui} - \overline{Q}_{um})^2}{\sum_{i=1}^{n} \nu'_{\underset{\sim}{B}}(D_{i2})} \tag{3-21}$$

关于随机-模糊处理方法的合理性作如下讨论:

首先,由式(3-11)、式(3-21)可以看出,经过随机-模糊处理获得的均值、方差,实际上是以基于样本值的随机-模糊变量 Q_{ui}、ξ_i 关于相应模糊子集 $\underset{\sim}{A}$、$\underset{\sim}{B}$ 的隶属函数 $\mu_{\underset{\sim}{A}}(Q_{ui})$、$\mu_{\underset{\sim}{B}}(\xi_i)$ 的导数为权重对随机-模糊变量 Q_{ui}、ξ_i 的加权平均值,即随机-模糊处理的实质是一种加权平均,可见这种处理方法符合数学逻辑。

其次,由式(3-3)并顾及式(3-6),由式(3-13)并顾及式(3-15)得

$$\nu'_{\underset{\sim}{A}}(D_{i1}) = -\nu_{\underset{\sim}{A}}(D_{i1}) \tag{3-22}$$

$$\nu'_{\underset{\sim}{B}}(D_{i2}) = -\nu_{\underset{\sim}{B}}(D_{i2}) \tag{3-23}$$

将式(3-22)代入式(3-11),式(3-23)代入式(3-21)得到下式

$$\overline{Q}_{um} = \frac{-\sum_{i=1}^{n} \nu_{\underset{\sim}{A}}(D_{i1})Q_{ui}}{-\sum_{i=1}^{n} \nu_{\underset{\sim}{A}}(D_{i1})} = \frac{\sum_{i=1}^{n} \nu_{\underset{\sim}{A}}(D_{i1})Q_{ui}}{\sum_{i=1}^{n} \nu_{\underset{\sim}{A}}(D_{i1})} \tag{3-24}$$

$$\sigma^2 = \frac{-\sum_{i=1}^{n} \nu_{\underset{\sim}{B}}(D_{i2})(Q_{ui} - \overline{Q}_{um})^2}{-\sum_{i=1}^{n} \nu_{\underset{\sim}{B}}(D_{i2})} \frac{n}{n-1} = \frac{n}{n-1} \frac{\sum_{i=1}^{n} \nu_{\underset{\sim}{B}}(D_{i2})(Q_{ui} - \overline{Q}_{um})^2}{\sum_{i=1}^{n} \nu_{\underset{\sim}{B}}(D_{i2})} \tag{3-25}$$

若样本不含模糊性,则随机－模糊样本蜕变成随机样本,模糊子集蜕变成普通集合。依据模糊集合核的定义和普通集合定义,并注意到式(3-1),则有

$$D_{i1} = D_{i2} = 0 \tag{3-26}$$

$$\mu_{\underset{\sim}{A}}(Q_{ui}) = \nu_{\underset{\sim}{A}}(D_{i1}) = 1 \tag{3-27}$$

$$\mu_{\underset{\sim}{B}}(\xi_i) = \nu_{\underset{\sim}{B}}(D_{i2}) = 1 \tag{3-28}$$

上面各式中 $i = 1, 2, \cdots, n$。将式(3-27)、式(3-28)分别代入式(3-24)、式(3-25),它们便蜕变成

$$\overline{Q}_{um} = \frac{\sum_{i=1}^{n} Q_{ui}}{n} \tag{3-29}$$

$$\sigma^2 = \frac{\sum_{i=1}^{n} (Q_{ui} - \overline{Q}_{um})^2}{n-1} \tag{3-30}$$

式(3-29)、式(3-30)即为随机变量的均值、方差计算公式。可见,传统的随机处理方法是本书提出的随机－模糊处理方法的一种特例。

将式(3-3) ~ 式(3-6)代入式(3-11),式(3-13) ~ 式(3-15)代入式(3-21),并取

$$\omega_{01} = \frac{1}{(d_{1\max} - d_{1\min})/2} \qquad d_{1i} = (Q_{ui} - \overline{Q}_{um})^2 \tag{3-31}$$

$$\omega_{02} = \frac{1}{(d_{2\max} - d_{2\min})/2} \qquad d_{2i} = [(Q_{ui} - \overline{Q}_{um})^2 \sigma^2]^2 \tag{3-32}$$

经过运算可以得到式(3-33)和式(3-34),即

$$\overline{Q}_{um} = \frac{\sum_{i=1}^{n} \exp\left[\frac{-2(Q_{ui} - \overline{Q}_{um})^2}{d_{1\max} - d_{1\min}}\right] Q_{ui}}{\sum_{i=1}^{n} \exp\left[\frac{-2(Q_{ui} - \overline{Q}_{um})^2}{d_{1\max} - d_{1\min}}\right]} \tag{3-33}$$

$$\sigma^2 = \frac{\sum_{i=1}^{n} \exp\left\{\frac{-2[(Q_{ui} - \overline{Q}_{um})^2 - \sigma^2]^2}{d_{2\max} - d_{2\min}}\right\}(Q_{ui} - \overline{Q}_{um})^2}{\sum_{i=1}^{n} \exp\left\{\frac{-2[(Q_{ui} - \overline{Q}_{um}) - \sigma^2]^2}{d_{2\max} - d_{2\min}}\right\}} \tag{3-34}$$

式(3-33)和式(3-34)中 $d_{j\max}$、$d_{j\min}$分别是 $d_{ji}(j=1,2;i=1,2,\cdots,n)$中的最大值、最小值。式(3-33)、式(3-34)即是样本均值和样本方差的计算公式,而且都是隐函数式,需用迭代法求解,方差迭代收敛就可保证标准值的收敛。

具体计算步骤以方差为例说明如下:

(1)求平均值 Q_{um} 即 $\overline{Q}_{um}$。

(2)取初值 $Q_{um}=Q_{um0}$。

(3)求马氏距离。

(4)由式(3-33)计算均值 $\overline{Q}_{um}$。

(5)由式(3-34)计算方差 σ^2。

(6)判断,若$|\sigma^2-\sigma_0^2|<\varepsilon$($\varepsilon$ 为指定的精度,取 10^{-3}或 10^{-4}),则 σ 即为所求;反之,则令 $\sigma_0^2=\sigma^2$ 再返回第(3)步,直到满足精度为止。

采用随机－模糊处理方法对研究区河段 38 个河道钻孔所计算出的黄河下游近代河床泥沙沉积速率指标进行数据处理,可得到研究区河道各个断面的泥沙沉积速率代表性指标,用以反映各个断面的泥沙沉积速率。

随机－模糊处理方法结果见表 3-1。

由表 3-1 通过计算可以得出:

(1)根据研究河段 38 个河道钻孔所计算出的黄河下游近代河床泥沙沉积速率指标的范围值为 1.40～8.13 cm/年,其中,泥沙沉积速率指标的范围值主要集中在 3.0～6.5 cm/年,反映出黄河下游近代河床泥沙沉积速率因河床部位、水流状态、原始沉积界面的不同而表现出的一定差异性。

(2)根据黄河下游坝头集断面、刘庄断面、王黑断面的 31 个钻孔所计算出的黄河下游近代河床泥沙沉积速率指标的范围值为 4.70～6.70 cm/年,明显高于东坝头集断面 7 个钻孔所计算出的黄河下游近代河床泥沙沉积速率指标的范围值(1.14～6.5 cm/年),在黄河下游坝头集断面、刘庄断面、王黑断面之间的近代河道是目前黄河总体上以沉积为主要特征的河段。

(3)研究区 4 个断面的泥沙沉积速率代表性指标分别为,东坝头断面 4.24 cm/年,坝头集断面 5.42 cm/年,刘庄断面 5.61 cm/年,王黑断面 5.11 cm/年。也可采用随机－模糊处理方法对研究区河段 4 个断面的泥沙沉积速率代表性指标进行数据处理,可得到研究区河道的泥沙沉积速率代表性指标为5.32 cm/年,用以反映研究区河道的泥沙沉积速率。

3.2 黄河下游近代河床沉积物沉积时间关系式研究

3.2.1 概述

水流挟带泥沙,河床是由泥沙组成的,两者之间经常发生泥沙交换,从而引起河床冲淤变化,研究河床演变和进行河流治理都必须研究泥沙,其中泥沙的基本特性是一切研究工作的基础。泥沙的基本特性包括泥沙的几何特性、重力特性和水力特性等方面。泥沙的几何特性主要指泥沙的个体特性(如泥沙颗粒形状、大小、圆度等)和群体特性,其中群体特性更具有实际意义。泥沙的重力特性主要指泥沙的重度、淤积泥沙的干容重等。泥沙的水力特性主要指泥沙的沉降速度、临界流速等。本节采用土力学的研究方法,通过重点研究泥沙的几何特性和重力特性,提出黄河下游近代河床沉积物沉积时间关系式。

3.2.2 黄河下游近代河床泥沙沉积物的基本特性研究

自然界河流中泥沙颗粒的形状是极其不规则的,卵石常呈椭球状,沙粒多呈不规则的多角形,黏土常呈片状。另外,泥沙颗粒大小也是相差很大的,为了比较不同泥沙颗粒的形状和泥沙颗粒的大小,可以采用一些定量指标进行评价,但这些评价都是针对泥沙单体颗粒的,通常所谓的泥沙并不是指单独的泥沙颗粒,而是指无数不同大小、不同形状以及不同性质的泥沙颗粒的群体混合体,泥沙颗粒虽然并不胶结成一个整体,但是泥沙的许多性质却是由泥沙的群体混合体所反映的。因此,研究泥沙颗粒的群体特性在实际工作中更有意义。

研究泥沙颗粒的群体特性首先要研究其粒径分布,泥沙粒径的分布情况和均匀程度不但直接反映母岩的性质和泥沙所受到的水流分选作用的强弱,而且和泥沙搬运量的大小也有密切关系。我们可以采用土力学中的筛分法和水分析法(比重计法、滴定法、激光仪测定法等)等研究土分类的方法,对泥沙粒径的分布进行研究。类似于土力学中土的颗分试验,对泥沙颗粒进行颗分,求出沙样中各种粒径泥沙的质量，算出小于各种粒径的泥沙的总质量，然后在半对数坐标纸上以横坐标（对数分格）表示泥沙粒径 d，纵坐标（普通分格）表示小于该粒径的泥沙在沙样中所占质量百分比 P，点出 $d \sim P$ 关系，并用曲线连接，形成泥沙级配曲线。

图 3-1 是本次研究的河段内所取 50 个泥沙样品泥沙颗粒级配曲线。

为了细致研究泥沙的粒径分布特征，本节根据泥沙颗粒分布的级配曲线，将泥沙粒径分布情况分为四种类型：

第一种类型级配曲线，称之为Ⅰ型级配曲线，它反映的是以粗粒为主的泥沙其粒径分布的情况，见图 3-1 中Ⅰ型级配曲线。

第二种类型级配曲线，称之为Ⅱ型级配曲线，它反映的是以细粒为主的泥沙其粒径分布的情况，见图 3-1 中Ⅱ型级配曲线。

第三种类型级配曲线，称之为Ⅲ型级配曲线，它反映的是各种粒径含量相等、沙样的组成不均匀的泥沙其粒径分布的情况，见图 3-1 中Ⅲ型级配曲线。

第四种类型级配曲线，称之为Ⅳ型级配曲线，它反映的是粒径组成均匀的泥沙其粒径分布的情况，见图 3-1 中Ⅳ型级配曲线。

表示沙样粒径大小的定量指标采用平均粒径 d_m，它是各种泥沙粒径的加权平均值，其求法是，将级配曲线的纵坐标（P），按照其变化情况分成若干组，在横坐标（d）上定出各组泥沙的上、下限粒径 d_{max} 和 d_{min} 以及各组泥沙在整个沙样中所占质量百分数 P_i，再按式（3-35）求出各组泥沙的平均粒径 d_i，然后按式（3-36）定出平均粒径 d_m，即

$$d_i = 0.5(d_{max} + d_{min}) \tag{3-35}$$

$$d_m = \frac{\sum_{i=1}^{n} d_i P_i}{100} \tag{3-36}$$

式中 d_i——所划分的各组的平均粒径；

d_m——所取泥沙样品的平均粒径；

P_i——各组泥沙在整个沙样中所占质量百分数；

d_{max}——横坐标（d）上定出各组泥沙的上限粒径；

d_{min}——横坐标（d）上定出各组泥沙的下限粒径；

n——所划分的组数。

表示沙样粒径大小的另一定量指标中值粒径 d_{50}，表示大于和小于该种粒径的泥沙质量各占沙样总质量的 1/2 ，其求法是在级配曲线的纵坐标（P）上

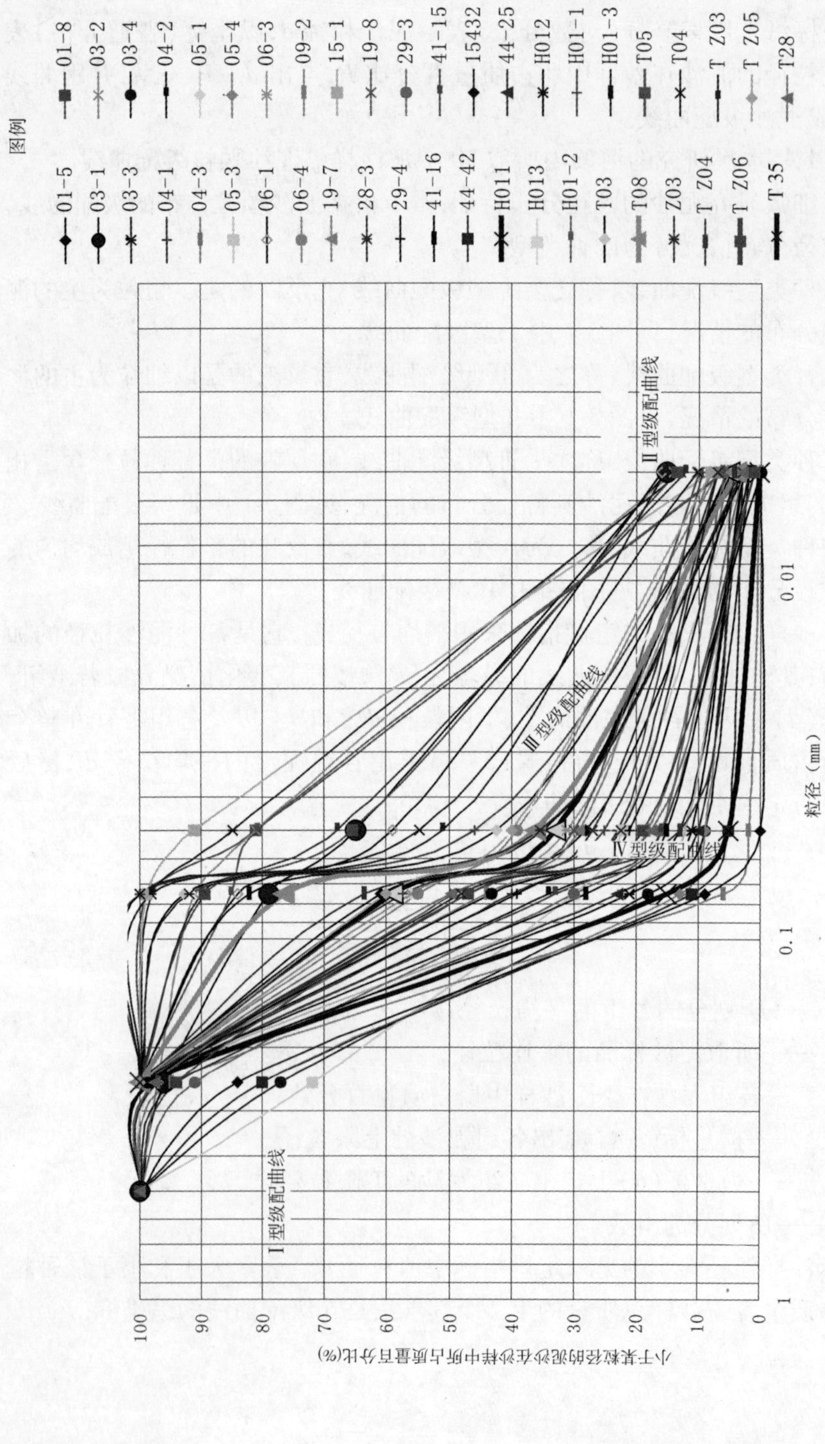

图 3-1 黄河下游泥沙颗粒级配曲线

找出 $P=50\%$，其对应的横坐标即为 d_{50}。

表示沙样的均匀程度可采用拣选系数 ψ，其可按下式求得

$$\psi = (d_{16}/d_{50} + d_{50}/d_{84})/2 \tag{3-37}$$

式中 d_{16}——级配曲线上相应于 $P=16\%$ 的粒径；

d_{50}——级配曲线上相应于 $P=50\%$ 的粒径；

d_{84}——级配曲线上相应于 $P=84\%$ 的粒径。

ψ 越大表示沙样越不均匀，反之亦然。

表示沙样的均匀程度也可采用不均匀系数 σ_y，即

$$\sigma_y = \frac{d_{90}}{d_{30}} \tag{3-38}$$

式中 d_{90}——级配曲线上相应于 $P=90\%$ 的粒径；

d_{30}——级配曲线上相应于 $P=30\%$ 的粒径。

σ_y 越小表示沙样越均匀，反之亦然。

本次研究的河段内所取 50 个泥沙样品，计算其平均粒径 d_m、中值粒径 d_{50}、拣选系数 ψ、不均匀系数 σ_y，见表 3-2。

3.2.3 黄河下游近代河床泥沙沉积物沉积时间关系式研究

泥沙的干容重是河床泥沙沉积物研究中常用的指标，众所周知，组成河床的泥沙颗粒之间是有空隙的，空隙里面充满了水或空气，如果取原状沙样（非扰动样）量出它的体积，然后放在烘箱里面烘干（一般温度为 100 ~ 105 ℃），再称出它的质量，求出其质量与原状沙样整个体积的比值，可得到泥沙的干容重。采用此方法对研究区的河段内所取 50 个泥沙样品所做的干容重试验结果见表 3-2。

将表 3-2 泥沙样品的干容重试验结果绘制成干容重（ρ_d）—淤积深度（H）曲线，见图 3-2，干容重（ρ_d）与平均粒径 d_m、中值粒径 d_{50} 和拣选系数（ψ）、不均匀系数（σ_y）关系见表 3-3。

为了研究泥沙样品的重力特征与泥沙颗粒几何特征相互关系的实质，必须采用能刻画两者本质特征的数学处理方法。分形几何理论即是这种满足研究需要的方法之一。

分形几何理论同耗散结构理论、协同论、突变论、混沌理论一样，是近十几年来应用于研究非线性现象比较重要的新理论和新方法。分形几何理论是由美籍法国数学家 B. B. Mandelbrot 于 20 世纪 70 年代末 80 年代初创立的新的数

表 3-2　黄河河床泥沙样品颗粒分析结果统计

土样编号	岩性		取样深度（m）	颗粒级配(%)					平均粒径（mm）	中值粒径（mm）	拣选系数	不均匀系数	干容重（g/cm³）
				0.5 ~ 0.25 mm	0.25 ~ 0.075 mm	0.075 ~ 0.05 mm	0.05 ~ 0.005 mm	< 0.005 mm	d_m $\sum P_i d_i$	d_{50}	ψ $(d_{16}/d_{50}+d_{50}/d_{84})/2$	σ_y d_{90}/d_{30}	ρ_d
01 – 5	s	砂壤土	7. 60 ~ 7. 90		39	33	25	3	0. 091 0	0. 066	0. 371 5	3. 207 5	1. 58
01 – 8	s	砂壤土	8. 10 ~ 8. 40		1	18	75	6	0. 033 7	0. 020	0. 348 7	5. 454 5	1. 60
03 – 1	r	粉质壤土	1. 50 ~ 1. 90	4	17	14	50	15	0. 065 5	0. 023	0. 213 2	14. 000	1. 42
03 – 2	r	粉质壤土	3. 00 ~ 3. 40	3	6	10	67	14	0. 046 0	0. 015	0. 314 8	8. 235 3	1. 45
03 – 3	r	粉质壤土	5. 00 ~ 5. 40		2	13	72	13	0. 031 5	0. 014	0. 332 9	6. 823 5	1. 58
03 – 4	x	细砂	7. 00 ~ 7. 40	23	59	9	7	2	0. 189 7	0. 130	0. 485 9	3. 469 4	1. 62
04 – 1	x	细砂	1. 50 ~ 1. 90		60	17	16	7	0. 112 7	0. 093	0. 365 9	3. 174 6	1. 42
04 – 2	x	细砂	3. 50 ~ 3. 90		66	21	10	3	0. 123 2	0. 100	0. 577 8	2. 914 3	1. 45
04 – 3	x	细砂	5. 50 ~ 5. 90		56	26	13	5	0. 111 0	0. 084	0. 648 8	0. 312 5	1. 47
05 – 1	s	砂壤土	1. 50 ~ 1. 80	3	41	23	30	3	0. 100 6	0. 068	0. 308 1	4. 634 1	1. 22
05 – 3	x	细砂	5. 50 ~ 5. 80	28	42	8	19	3	0. 183 6	0. 130	0. 281 6	27. 857	1. 72
05 – 4	s	砂壤土	7. 50 ~ 7. 80		41	26	28	5	0. 090 7	0. 067	0. 320 3	4. 390 2	1. 60
06 – 1	r	壤土	8. 00 ~ 8. 50		16	25	43	16	0. 053 9	0. 032	0. 284 0	9. 272 7	1. 55
06 – 3	s	砂壤土	5. 50 ~ 5. 90		44	25	26	5	0. 094 4	0. 068	0. 308 1	3. 958 3	1. 58
06 – 4	s	砂壤土	7. 50 ~ 7. 90		45	16	32	7	0. 092 1	0. 068	0. 279 4	6. 785 7	1. 62
09 – 2	x	细砂	1. 50 ~ 1. 90	5	89	4	2		0. 166 4	0. 130	0. 644 1	2. 156 9	1. 45

续表 3-2

土样编号	岩性		取样深度（m）	颗粒级配（%）					平均粒径（mm）	中值粒径（mm）	拣选系数	不均匀系数	干容重（g/cm^3）
				0.5～0.25 mm	0.25～0.075 mm	0.075～0.05 mm	0.05～0.005 mm	＜0.005 mm	d_m	d_{50}	ψ	σ_y	ρ_d
									$\sum P_i d_i$		$(d_{16}/d_{50}+d_{50}/d_{84})/2$	d_{90}/d_{30}	
15－1	s	砂壤土	1.70～2.00		1	8	83	8	0.029 7	0.016	0.369 3	5.555 6	1.40
19－7	x	细砂	7.50～7.90		53	18	21	8	0.103 4	0.080	0.284 7	3.703 7	1.60
19－8	x	细砂	7.90～8.40		51	19	20	10	0.100 5	0.075	0.268 3	4.000 0	1.68
28－3	x	细砂	7.20～7.50	3	50	20	20	7	0.110 7	0.080	0.328 5	3.500 0	1.62
29－3	x	细砂	5.70～6.00	9	61	14	10	6	0.144 5	0.120	0.494 0	3.200 0	1.60
29－4	x	细砂	7.70～8.00	2	59	18	17	4	0.119 4	0.092	0.422 8	3.092 3	1.68
41－15	x	细砂	7.00～7.50	3	64	17	15	1	0.130 0	0.102	0.518 6	3.000 0	1.66
41－16	x	细砂	8.20～8.50	2	70	13	13	2	0.133 0	0.110	0.537 4	2.692 3	1.68
15432	x	细砂	7.50～8.00	16	75	9			0.187 5	0.140	0.588 1	2.727 3	1.70
44－42	x	细砂	7.00～8.00	20	69	6	2	3	0.191 5	0.140	0.558 5	2.909 1	1.70
44－25	x	细砂	8.20～8.50	6	71	13	7	3	0.148 0	0.120	0.569 1	2.619 0	1.60
H011	x	细砂	8.00～8.50		85	9.9	4.7	0.4	0.145 6	0.054	0.510 9	2.680 0	1.70
H012	x	细砂	8.00～8.50		79	10	8.1	2.9	0.136 9	0.019	0.312 0	10.784 0	1.70
H013	s	砂壤土	8.00～8.50		8.1	51.1	37.4	3.4	0.055 5	0.062	0.503 7	2.550 0	1.60
H01－1	s	砂壤土	0～0.15			54.1	42.9	3	0.045 7	0.054	0.503 5	2.791 7	1.40
H01－2	s	砂壤土	0～0.15		14.8	4.4	74.6	6.2	0.047 5	0.019	0.326 8	3.820 4	1.38

续表 3-2

土样编号		岩性	取样深度(m)	颗粒级配(%)					平均粒径(mm)	中值粒径(mm)	拣选系数	不均匀系数	干容重(g/cm³)
				0.5～0.25 mm	0.25～0.075 mm	0.075～0.05 mm	0.05～0.005 mm	< 0.005 mm	d_m	d_{50}	ψ	σ_y	ρ_d
									$\sum P_i d_i$		$(d_{16}/d_{50}+d_{50}/d_{84})/2$	d_{90}/d_{30}	
H01－3	s	砂壤土	0～0.15		17.7	47.4	32.4	2.5	0.067 4	0.063	0.504 9	2.500 0	1.42
T03	s	砂壤土	2.00～2.50		7.4	50.2	38.4	4	0.054 1	0.058	0.536 3	2.482 8	1.20
T05	s	粉质壤土	2.60～3.00		10.4	24	52	13.6	0.046 5	0.027	0.303 3	6.250 0	1.28
T08	s	砂壤土	3.50～3.80		23.5	40.5	32	4	0.072 4	0.064	0.429 4	4.054 1	1.38
T04	r	壤土	1.00～2.00			45.2	44.6	10.2	0.040 8	0.041	0.399 5	5.076 9	1.35
Z03	s	砂壤土	2.00～2.60		8.2	56.4	32.4	3	0.057 6	0.061	0.527 3	1.775 0	1.30
T Z03	r	壤土	1.60～2.20		2	47	35.6	15.4	0.042 8	0.048	0.415 7	4.250 0	1.30
T Z04	s	砂壤土	5.00～5.60		36.5	50.5	8.8	4.2	0.093 4	0.067	0.641 2	2.615 4	1.50
T Z05	s	砂壤土	4.00～5.20		40	20	32	8	0.086 5	0.065	0.272 4	6.785 7	1.46
T Z06	x	细砂	2.00～2.60	6	47	28	18	1	0.121 4	0.081	0.459 6	3.384 6	1.42
T28	x	细砂	4.40～5.00	2.5	48	32	14.5	3	0.111 4	0.075	0.507 3	3.030 3	1.55
T35	x	细砂	2.00～2.50		52	25.5	15.5	7	0.104 9	0.078	0.351 3	3.174 6	1.58

注：本表根据本次研究勘探取样试验和李金都等 2003 年所做《黄河下游河床床沙取样测验报告》汇总统计而成。

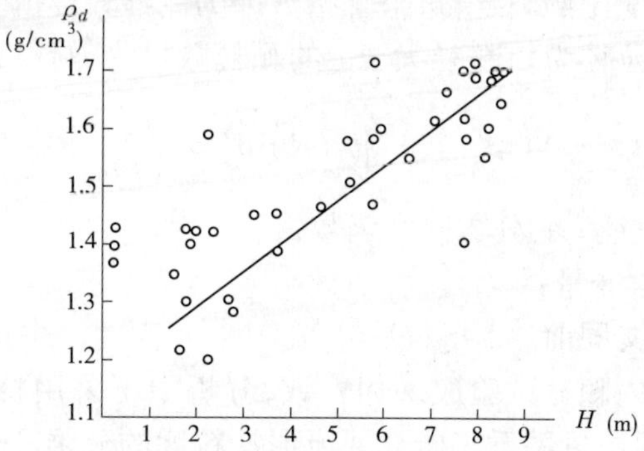

图 3-2　泥沙干容重(ρ_d)—淤积深度(H)曲线

表 3-3　干容重试验结果统计表

岩性	黏性土	砂性土
平均粒径 d_m(μm)	14～68	75～140
中值粒径 d_{50}(μm)	31～95	100～190
拣选系数 ψ	0.20～0.45	0.35～2.65
不均匀系数 σ_y	1.7～6.8	2.5～27.8
干容重(ρ_d)(g/cm³)	1.20～1.62	1.42～1.70

学理论，它主要研究自然界中的具有自相似性的不规则曲线，如具有自反演性的不规则图形、自平方性的分形变换和自仿射的分形集等。自然界中最常见的是统计型自相似性分形，即从统计意义上看，几何体的空间维数变化是连续的，处理的对象具有非规则性和整体与局部的自相似性特点，其重要的描述参数是分维。维数的变化可以是整数，也可以是分数，还可以是无理数，定量描述自相似性的参数为分维数 D，所谓分形，是指物体的数目与其线性尺度之间存在着幂指数关系，即分形指物体的形状，与其大小无关；而分维是分形关系中的幂指数值。分维的一般定义为

$$D = -\lim_{\varepsilon \to 0} \frac{\ln N(\varepsilon)}{\ln \varepsilon} \tag{3-39}$$

或

$$N(\varepsilon) \propto \varepsilon^{-D} \tag{3-40}$$

式中　ε——标度；

$N(\varepsilon)$——在该标度下所得到的量度值；

D——研究对象的分维。

对河流泥沙粒度而言，其分形是建立在一种统计分布上，即分形对象的数

目按幂次增加的尺度比例确定，这个幂指数即为泥沙粒度的分维数值。

设河流泥沙的粒径为 r，粒径大于 r 的颗粒数目为 $N(r)$，若

$$N(\geqslant r) = \int_r^{\infty} P(r')\mathrm{d}r' \propto r^{-D} \tag{3-41}$$

式中 $P(r')$——粒径 r 的分布密度函数；

r'——粒径自变量；

其他符号含义同前。

为了与当前国内颗分试验成果相一致，分析中不采用粒径大于 r 的颗粒数目，而采用相应的质量关系来研究河流泥沙粒度的分维。

设 $M(r)$ 为粒径小于 r 的颗粒累积质量，M 为样品总质量，若

$$\frac{M(r)}{M} \propto r^{b} \tag{3-42}$$

则

$$\mathrm{d}M \propto r^{b-1}\,\mathrm{d}r \tag{3-43}$$

对式(3-41)求导得

$$\mathrm{d}N \propto r^{-D-1}\,\mathrm{d}r \tag{3-44}$$

由于粒径的增加与质量的增加是相对应的，则

$$\mathrm{d}M = r^{3}\mathrm{d}N \tag{3-45}$$

联立式(3-43)、式(3-44)和式(3-45)可得

$$r^{b-1}\,\mathrm{d}r = r^{3}r^{D-1}\,\mathrm{d}r$$

即

$$D = 3 - b \tag{3-46}$$

由此表明：幂律质量分布等价于分形分布。

由于 $M(r)/M$ 就是粒径小于 r 的颗粒的累积百分含量，因此只要在双对数坐标下，$M(r)/M \sim r$ 存在直线段，即说明河流泥沙粒度具有分形结构，且由直线段的斜率 b 值，代入式(3-46)，即可获得表征河流泥沙粒度的分维 D_g。

据上述原理，采用最小二乘拟合计算，获得各个代表性样品的分维 D_g，其成果列于表 3-4。

表 3-4　泥沙粒度分维统计

泥沙分类	b	D_g	平均值 $\overline{D}_g$
壤土	0.33 ~ 0.37	2.63 ~ 2.67	2.64
砂壤土	0.67 ~ 0.72	2.28 ~ 2.33	2.30
粉砂、极细砂	0.72 ~ 0.82	2.18 ~ 2.28	2.22
细砂	0.82 ~ 0.88	2.12 ~ 2.18	2.16

根据粒度分维进行干容重的相关计算分析，可以得到粒度分维与干容重的相关关系：

黏性土　$$\rho_d = 0.2D_g + 1.05 \tag{3-47}$$

砂性土　$$\rho_d = 0.25D_g + 1.15 \tag{3-48}$$

研究区河段内泥沙样品的干容重大小与淤积时间有很大关系，随着淤积时间的增长，泥沙的干容重增大，但最后将趋向于一个稳定的数值。

将干容重(ρ_d)与淤积时间(T)作数学处理，可得到以下关系式

$$\rho_{dT} = 1.4 + 0.13\lg T \tag{3-49}$$

式中　ρ_{dT}——泥沙淤积 T 年后的干容重，g/cm^3；

T——泥沙淤积年限，年。

由以上研究可以得出以下结论：

(1)泥沙粒径的大小与泥沙干容重关系密切，表 3-3 表明，粒径粗的泥沙干容重大，而且其变化范围小，粒径细的泥沙则干容重小，而且其变化范围大。之所以这样，是因为泥沙干容重的变化受泥沙颗粒之间空隙率(单位体积沙样内空隙所占体积)的影响很大。泥沙粒径越小，颗粒之间的空隙率越大，泥沙干容重就越小，同时，细颗粒泥沙在沉淀过程中会产生絮凝现象，其沉积物具有蜂窝状的结构，空隙较大，具有较大的压缩性，上面的荷载越大，时间越长，就压得越紧，因而干容重的变化范围大。而粗颗粒泥沙颗粒之间空隙较小，也不存在蜂窝状的结构，所以其干容重较大，变化范围较小。

(2)泥沙的分选性是影响泥沙干容重大小的重要因素，ψ 越大表示沙样越不均匀，泥沙干容重也越大，反之亦然。其原因在于，泥沙的分选性对颗粒空隙的大小有决定性影响，分选性好则泥沙颗粒间空隙就小，自然其干容重就大。

(3)泥沙的均匀程度也是影响泥沙干容重大小的重要因素，表 3-3 表明，σ_y 越小表示沙样越均匀，泥沙干容重也越小，反之亦然。泥沙颗粒空隙的大小取决于泥沙的均匀程度，泥沙颗粒越均匀，则其颗粒空隙就越大，干容重就小。

(4)研究区河段内泥沙样品的干容重受泥沙的淤积深度影响很大，图 3-2 表明，淤积深的泥沙其干容重也越大，而变化范围则越小，淤积浅的泥沙则相反。泥沙淤积深度在 2 m 以内时，泥沙干容重的主要变化范围为 1.20～1.58 g/cm^3，当泥沙淤积深度大于 8 m 时，泥沙干容重的变化范围为 1.60～1.70 g/cm^3。之所以这样，是因为上层泥沙所受压力较小，下层泥沙所受压力较大，所以上层泥沙的干容重小于下层泥沙的干容重，而且上层泥沙干容重变化范

围则大于下层泥沙干容重变化范围。

(5)研究区河段内泥沙样品的干容重的大小与淤积时间有很大关系,随着淤积时间的增长,泥沙的干容重增大,但最后将趋向于一个稳定的数值。泥沙样品的干容重(ρ_d)与淤积时间(T)的关系式为:$\rho_{dT}=1.4+0.13\lg T$,利用该式,可以对河床泥沙地层的沉积时间进行估算。

(6) 研究区河段内泥沙样品的分维随着泥沙颗粒的增大而减小,从壤土→砂壤土→粉砂→极细砂→细砂,泥沙样品的分维从2.64变化到2.16;泥沙样品的干容重随着粒度分维的减小而增大,泥沙样品的粒度分维与干容重的相关关系为:黏性土:$\rho_d=0.2D_g+1.05$,砂性土:$\rho_d=0.25D_g+1.15$,在泥沙研究中可以通过所得出的关系式进行干容重估算。

4　黄河下游河床演变的东平湖沉积响应研究

黄河流域是中华民族的摇篮，黄河下游地区在相当长的历史时期内是中华民族活动的中心，黄河下游地区的河道变迁与环境演变对这一地区的社会经济发展有着极其重要的作用。河流、湖泊等流水沉积系统是一个对于人类活动和气候变化的响应十分灵敏的开放系统，通过河流、湖泊沉积物的取样和研究，可以获得河流、湖泊的演变和变迁的历史发展过程方面的信息。本章选择黄河下游东平湖湖底沉积物为研究切入点，进行黄河下游河床演变沉积响应方面的研究，并就东平湖演化历史进行探究。

4.1　黄河下游河床演变的东平湖沉积响应研究方法

4.1.1　概述

东平湖，介于东经115°57′41″至116°22′24″、北纬35°40′至36°07′05″，位于山东省东平县西部，地处山东省东平县、梁山县、汶上县三县交界，古时属于大野泽，秦称巨野泽，五代为梁山泊，明末始叫安山湖，清初据属东平州地，遂易名东平湖，总面积632 km^2，是目前山东省第二大淡水湖，也是《水浒传》中所述“八百里梁山泊”目前唯一遗存的水域。东平湖四周群山起伏，秀峰环绕，碧波荡漾，渔帆点点，湖光山色，神韵天成，名胜荟萃，构成了一幅美丽的天然山水画。

东平湖位于黄河下游宽河河段与窄河河段的过渡地带，西面和北面与黄河连接，在大地构造部位上处于华北板块内之冀中板块和冀鲁板块交接部位附近。地貌上属于黄河三角洲的东南，为山东丘陵区和华北平原区的结合部位，区域上东平湖地层属于华北地台型沉积，第四纪地层发育，为内陆沉积。东平湖是黄河下游最大的滞洪区，对保障京、津、济南、津浦铁路和胜利油田安全具有举足轻重的地位。

4.1.2 研究方法

华北平原是黄河冲积形成的,华北平原上的古湖泽如大陆泽和大野泽等古老湖泊的发展、演化与黄河河床的变迁与演化有着密不可分的关系,因此古老湖泽沉积物中应当蕴藏着河床变迁与演化的信息。

选择东平湖湖底沉积物,采用定性分析与定量分析相结合方法,借鉴环境学的研究方法进行课题研究,具体说,深入分析东平湖区域地质资料,在此基础上,选择湖底合适的地点布置钻孔,进行野外钻探,采取原状样品,通过^{14}C测定、地层对比和考古资料的结合进行地层时代标尺的建立;通过沉积物微观颗粒测试、沉积物有机物质含量测试、沉积物黏土矿物含量测试、磁化率测试等手段,获取黄河河床变迁、演化方面的信息,进而分析黄河河床变迁、演化在沉积物中的反映。需要说明的是,在自然环境变迁演化过程中,自然环境和人类文化是相互作用、相互影响的,是可变的,作为古老河流的黄河,其河床变迁、演化与人类生存是密不可分的,考古资料为我们研究古河流环境变迁提供了新的视角。

4.1.3 样品的采集和测量

钻孔位置选择在东平湖北部湖底湖水处,目的是避开黄河以外的其他沟河沉积物的干扰和影响,选择紧邻湖水可以保证钻孔部位处于常年沉积环境。具体孔位如图 4-1 所示。

样品的采集采用 150 型土钻连续取样的方法获得,回次进尺严格控制在 0.3~0.5 m,采用干钻的方法钻进。现场对样品进行鉴定和描述,分割原状样品进行密封包装,部分原状样品按散状样品包装,其中磁化率样品采用直径为 2.5 cm、高为 2.2 cm 的圆柱状无磁性塑料盒包装并用胶布密封,以防样品失水与变形,然后再用塑料袋多层密封包装,样品送回实验室试验。钻探由黄河水利委员会勘测规划设计有限公司地质工程院承担完成。

样品测年采用^{14}C Pharmaica 公司生产的 1220 型低本底液体闪烁记数仪进行测定。^{14}C 测年试验由中国科学院南京地理与湖泊研究所承担完成。

沉积物颗粒分析采用英国马尔文(MASTER SIZER 2000)激光粒度分析仪,该激光粒度分析仪的衍射器动态范围宽,粒度测量范围在 0.1~2 000 μm。仪器的稳定性(包括光路的稳定性和分散系统的稳定性)和对周围环境的适应性较好,扫描速度快,每秒采样 1 000 次,测量时间 12 s,可使得数据的准确性、重复性和稳定性达到最优化,从而得到可靠的试验资料。英国马尔文

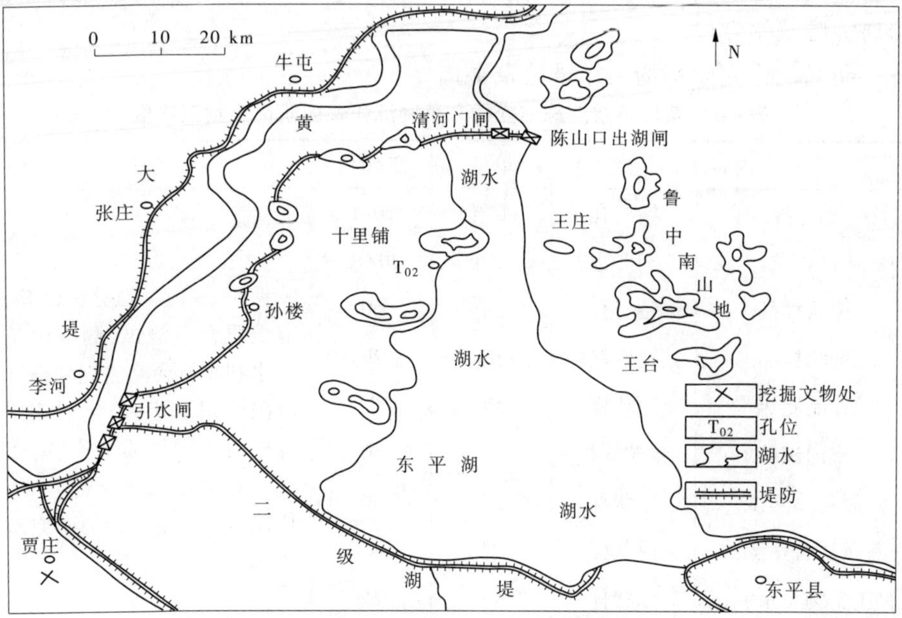

图 4-1 东平湖钻孔位置平面示意图

激光粒度分析仪的分析方法为:用过氧化氢(H_2O_2)除去样品中的有机质,再用稀盐酸(HCl)除去碳酸盐,然后加入六偏磷酸钠,并在超声波清洗仪内振荡以使样品充分分散,把 10 g 左右重的分析样品依次放在托盘中待用;将激光粒度分析仪主机及计算机打开预热 10 min,然后进行样品分析。沉积物颗粒分析试验由黄河水利委员会勘测规划设计有限公司地质工程院实验室承担完成。

有机碳总量 TOC 等有机物含量的测试采用重铬酸钾容量法,具体过程是:在天平上称量研磨好的干样品,重量范围在 0.180 ~ 0.295 g,为防止氯化物的干扰,先在用蒸馏水溶解的样品中加入少量的 Ag_2SO_4 生成 AgCl 沉淀,再加过量的 $K_2Cr_2O_7$ 和 H_2SO_4 的混合溶液加热,最后用硫酸亚铁进行氧化还原滴定,计算出有机碳含量。有机碳总量 TOC 等有机物含量的测试由中国科学院南京地理与湖泊研究所承担完成。

样品的磁化率测试采用英国 Bartington 公司生产的 MS2 型磁化率测定仪测定。仪器测量精度为 10^{-6},重复测量误差 $\leqslant 10^{-3}$。样品的磁化率测试分别由中国地质大学古地磁实验室、南京大学环境地质研究所承担完成。

样品的黏土矿物含量测试按照溶解、称重、仪器测定等程序进行,黏土矿物含量测试由黄河水利委员会勘测规划设计有限公司岩土工程材料与科学试验研究院承担完成。

研究工作完成实物工作量见表 4-1。

表 4-1　黄河下游河床演变的东平湖沉积响应研究实物工作量

内容		单位	工作量	备注
钻　探	钻　孔	m/孔	20/1	钻探、室内颗粒分析试验、有机质含量测试、测量由黄河水利委员会勘测规划设计有限公司承担；磁化率测试分别由中国地质大学、南京大学有关机构承担；测年由中国科学院南京湖泊研究所承担
试　坑	湖　边	m/个	20/10	
原状样品	钻　孔	组	60	
散状样品	钻孔原状样	组	20	
样品测年	原状样	组	2	
室内试验	颗粒分析	组	50	
磁化率测试	原状样	组	50	
有机质含量测试	原状样	组	45	
黏土矿物含量测试	原状样	组	25	
工程测量	坐标和高程	处	20	

4.2　黄河下游河床演变的东平湖沉积响应研究成果

本节采用地层分析、地层年代测龄、年代考古分析、磁化率分析、黏土矿物含量分析、有机质含量分析、沉积物颗粒分析等方法对黄河下游河床演变的湖泊响应进行研究。

4.2.1　地层特征

第四纪地层是一定环境下岩、土颗粒运移及沉积的结果，通过对第四纪地层的采取和分析，可以获得环境变迁方面的信息。本次研究通过在东平湖湖底布置钻孔进行钻探，获得了土样岩心，完成了采样工作，根据研究需要，重点对取样点 10 m 深度范围内的原状土样岩心进行了地质鉴定，然后进行地质分层。地质分层遵循岩心土样样品的颜色、岩性、岩性组合关系、含有物质并考虑成因等原则，因为土样不同的颜色、不同的岩性、不同的岩性组合关系、不同的含有物质揭示了不同的成生环境与成因。钻孔岩心地质鉴定与描述见

表4-2。

表4-2　钻孔岩心地质鉴定与描述

分层编号	深度(m)	钻孔岩心地质鉴定与描述
①	0～1.8	上部0.6 m为浅黄色、黄色砂壤土,0.6～1.0 m为浅黄色、黄色粉砂,1.0～1.8 m为浅黄色、黄色壤土和砂壤土。该层为冲积沉积物
②	1.8～2.2	浅黄色、浅灰色淤泥质砂壤土、壤土,含有有机质,稍具腥味。该层为冲湖积沉积物
③	2.2～2.8	黄色粉砂、砂壤土,下部粉砂中偶见绿豆大小的砾石
④	2.8～3.5	黄色粉砂、砂壤土,偶见绿豆大小的灰白色团状土粒。团状土粒呈松软状,手稍压即裂开,表明具有一定的成壤环境下的特征
⑤	3.5～4.2	浅黄色、黄色壤土、黏土和砂壤土,其中下部偶见铁、锰质小结核,为氧化环境下的产物
⑥	4.2～6.9	上部为浅灰色、浅黄色砂壤土、粉砂,中部为灰色、浅黄色淤泥质黏土、壤土,下部为灰黄色粉砂、砂壤土,为滨湖积－湖积沉积物
⑦	6.9～7.8	灰色、灰黄色淤泥质壤土、黏土,含有少量淡水螺类碎片,为湖积沉积物
⑧	7.8～10.0	在7.8～8.3 m为灰色、灰黄色粉砂、砂壤土、淤泥质壤土,8.3～10.0 m为灰色淤泥质壤土、黏土,含有有机质,并见有田螺、介形虫等湖生动物遗骸。该层为湖积沉积物(未见底)

4.2.2　磁化率测试结果

对东平湖钻孔原状样品进行了磁化率测试,磁化率测试结果见表4-3和图4-2。

磁化率被认为是进行气候变迁、沉积物物源分析、河湖演变分析的有效手段。Kissel和Laj在1998年对挪威海沉积物磁化率的研究证实,海相沉积物磁化率数值的变化与古气候的变化有着密切关系;杨晓强等2000年对泥河湾盆底沉积物的研究也表明,湖泊沉积物磁化率数值的变化与古气候的变化有着明显的相关关系,湖泊的沉积一般主要受三个因素所制约,沉积物供给速

率、湖盆的升降、湖水的大小等，这些因素的变化综合控制了湖泊沉积的旋回

表4-3 东平湖钻孔原状样品磁化率测试结果

样品野外编号	取样深度（m）	测试结果（$\times10^{-6}$）	样品野外编号	取样深度（m）	测试结果（$\times10^{-6}$）
1	0~0.20	61.159	24	4.60~4.80	20.615
2	0.20~0.40	68.760	25	4.80~5.00	15.646
3	0.40~0.60	49.937	26	5.00~5.20	15.044
4	0.60~0.80	56.364	27	5.20~5.40	10.648
5	0.80~1.00	47.105	28	5.40~5.60	18.193
6	1.00~1.20	48.185	29	5.60~5.80	11.170
7	1.20~1.40	54.814	30	5.80~6.00	18.924
8	1.40~1.60	55.930	31	6.00~6.20	20.340
9	1.60~1.80	47.564	32	6.20~6.40	8.180
10	1.80~2.00	36.411	33	6.40~6.60	15.352
11	2.00~2.20	44.386	34	6.60~6.80	8.999
12	2.20~2.40	30.495	35	6.80~7.00	8.596
13	2.40~2.60	28.180	36	7.00~7.20	9.836
14	2.60~2.80	30.228	37	7.20~7.40	8.371
15	2.80~3.00	37.788	38	7.40~7.60	20.629
16	3.00~3.20	28.474	39	7.60~7.80	10.751
17	3.20~3.40	36.916	40	7.80~8.00	12.360
18	3.40~3.60	20.405	41	8.00~8.20	9.357
19	3.60~3.80	11.009	42	8.20~8.40	8.493
20	3.80~4.00	6.761	43	8.40~8.60	6.707
21	4.00~4.20	8.529	44	8.60~8.80	8.361
22	4.20~4.40	8.110	45	8.80~9.00	8.182
23	4.40~4.60	15.397	46	9.00~9.20	8.909

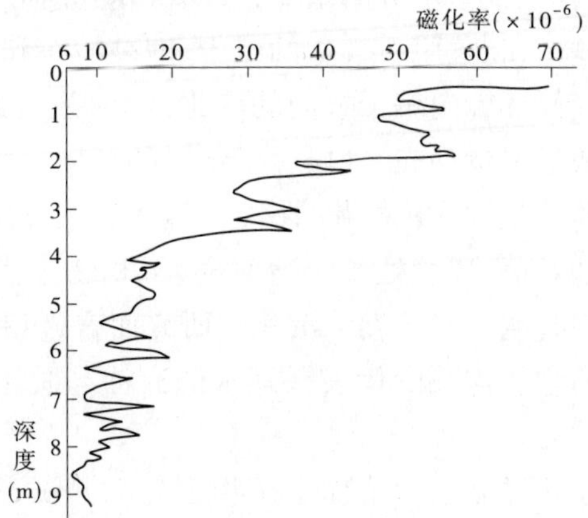

图 4-2 东平湖钻孔原状样品磁化率测试曲线

特点，因此湖泊沉积物磁化率的变化受湖泊沉积动力的影响，间接地反映了气候的干湿、冷暖变化和湖水的大小与湖泊沉积物的来源变化，如果气候温暖、湿润，降水量大，同期湖泊水量充沛，湖水水体深，湖泊沉积以细颗粒为主，湖水处于还原环境，磁化率一般处于较低水平，如果气候干旱、干燥寒冷，降水量少，湖泊水面减少，湖体水深变浅，特别是遇到突发性强降水过程，会使较多的地表粗颗粒物质进入湖水沉积，由于湖水水体变浅，水体处于氧化环境，沉积物显示以粗颗粒为主，沉积物磁化率一般表现出较高的数值。吴艳宏、羊向东等 2003 年对黄河下游南四湖地区沉积物磁化率的研究表明，黄河下游地区处于石灰岩低山丘陵地区，湖水沉积物磁化率应为低值，但是湖水一旦受到黄河泛滥的冲入，则沉积物磁化率会明显变高，因此黄河下游地区沉积物的磁化率高低受黄河泛滥影响很大，沉积物的磁化率高低可以作为黄河泛滥在沉积物中反映的间接标示。以上已有的研究结论可以作为我们研究的理论依据。

4.2.3 黏土矿物含量测试结果

黏土矿物是岩、土物质的重要组成部分，沉积物中黏土矿物含量的变化与沉积物成生环境中温度的高低、气候的干湿存在着相关关系。黏土矿物含量与气候的关系，已有过很多研究，一般认为，高岭石与湿热偏湿气候环境有关，蒙脱石与温暖、湿润－半湿润气候环境有关，伊利石则反映的是干冷气候环境，尤其是反映干旱气候环境比较明显。在华北地区，地层中高岭石和蒙脱石含量的增加，即高岭石和蒙脱石含量曲线的峰值地段则代表着环境气候向暖湿方向的变化,预示着土壤中水分的增加,表明沉积物所处环境有着丰沛的水量补充;而地层中高岭石和蒙脱石含量的减少,即高岭石和蒙脱石含量曲线的谷值地段则代表着气候环境向偏干方向的变化,预示着土壤中水分的减少,表明沉积物所处环境缺乏水量补充,气候属于干旱的环境。与其相反,华北地区地层中伊利石含量的变化则显示干旱、阴冷与湿润气候环境的交替,沉积物中伊利石含量升高,表明沉积环境处于干冷时期,沉积物中伊利石含量降低,表明沉积环境处于湿润时期。对于湖泊沉积物研究而言,伊利石含量的高低、高岭石和蒙脱石含量的增加与减少代表了湖水的充沛与匮乏、湖体的扩大与湖水的减少甚至变干的交替过程。

对东平湖钻孔原状样品进行了黏土矿物含量的测试,黏土矿物含量测试结果见表4-4 和图4-3。

4.2.4 有机质含量测试结果

对东平湖钻孔原状土样品采样送回室内,进行了有机质含量测试,有机质含量测试结果见表4-5 和图4-4。

样品中的有机质含量测试主要进行了土样有机碳总量 TOC、有机氢 TH 和有机氮 TN 含量的测试及有机碳总量与有机氮含量比值计算 C/N 值。湖泊是相对独立的自然综合体,是大气圈、岩石圈、生物圈和陆地水圈相互作用的联结点,因此湖泊沉积物所记录的是各种环境要素的综合信息,测试样品中的有机碳总量 TOC、有机氢 TH、有机氮 TN 含量是度量湖泊初始生产力大小的衡量性指标之一,其值的高低往往受到环境气候因素(如气温、降水、湖水水体深浅等)的控制,在温暖湿润气候条件下,湖体初始生产力往往是很强的,通常测试样品中的有机碳总量 TOC、有机氢 TH、有机氮 TN 含量呈现高值。另外就湖体而言,样品中的有机质含量还是环境变化的指示指标,它们的大小变化揭示了环境条件的变化,一般情况下,有机碳总量 TOC、有机氢 TH 的升高代表了富水环境,属于还原条件的结果。样品中有机质含量也是判断河湖沉积干扰的间接指标。通常藻类环境沉积物的 C/N 值在 4 ~ 10,外源陆生植物环境沉积物的 C/N 值一般大于 10 甚至 20。通过对湖泊沉积物中有机质含量测试和 C/N 值的比较,可以获得沉积物沉积环境的相关信息,特别是黄河泛滥对东平湖湖泊沉积物的影响。

表4-4 东平湖钻孔原状样品黏土矿物含量测试结果

深度(m)	样品编号	黏土矿物含量(%)					
		高岭石	蒙脱石	伊利石	绿泥石	方解石	闪石
0~1.0	D01	5	5	30	7	15	
1.0~2.0	D02	10	7	25	10	15	
2.0~3.0	D03	5	5	30	8	12	
3.0~4.0	D04	15	4	20	8	12	2
4.0~4.3	D05	7	8	30	10	10	
4.3~4.6	D06	10	5	25	10	10	
4.6~4.8	D07	10	10	30	5	12	
4.8~5.0	D08	10	7	15	6	10	
5.0~5.2	D09	20	8	25	7	10	
5.2~5.4	D10	15	10	10	5	5	5
5.4~5.6	D11	20	5	18	15	10	
5.6~5.8	D12	20	5	18	15	10	
5.8~6.0	D13	10	5	27	5	15	5
6.0~6.2	D14	5	8	27	10	5	
6.2~6.4	D15	10	10	10	8	8	
6.4~6.6	D16	20	5	25	5	10	
6.6~6.8	D17	5	15	15	5	10	
6.8~7.0	D18	5	15	18	5	10	
7.0~7.2	D19	10	12	20	8	12	
7.2~7.4	D20	10	11	25	5	10	5
7.4~7.6	D21	20	25	10	7	10	
7.6~7.8	D22	10	6	16	5	10	
7.8~8.0	D23	25	25	10			

注:为节省篇幅,测试结果中其他矿物的含量未列入表格之中。

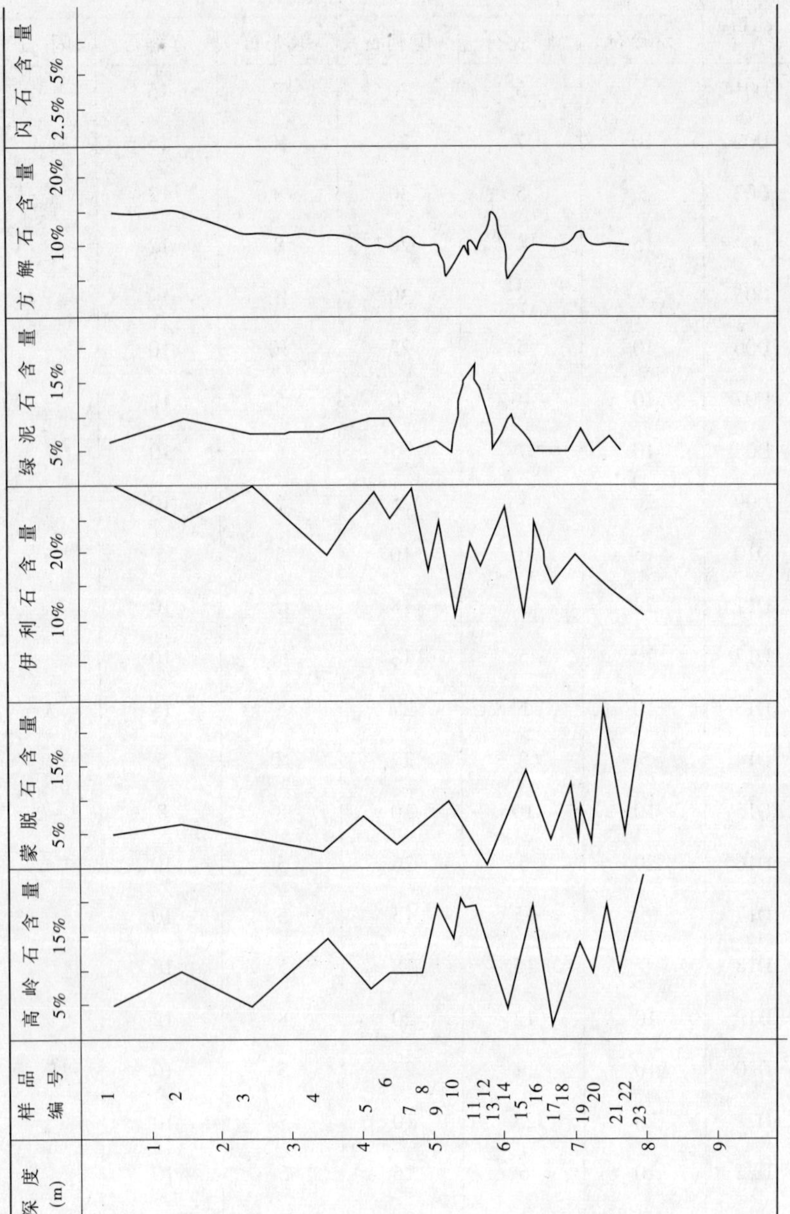

图 4-3　东平湖沉积物样品黏土矿物测试结果曲线

表 4-5 东平湖钻孔原状样品有机质含量测试结果

样品编号	深度(m)	TOC(%)	TH(%)	TN(%)	C/N 值
WD01	3.5~3.6	0.86	1.12	0.22	3.9
WD02	3.6~3.7	1.00	1.21	0.18	5.6
WD03	3.7~3.8	0.42	0.83	0.11	3.8
WD04	3.8~3.9	0.46	1.32	0.16	2.9
WD05	3.9~4.0	0.92	1.20	0.14	6.6
WD06	4.0~4.1	0.84	1.07	0.13	6.5
WD07	4.1~4.2	0.61	0.89	0.08	7.6
WD08	4.2~4.3	0.57	0.80	0.10	5.7
WD09	4.3~4.4	1.09	1.30	0.17	6.4
WD10	4.4~4.5	0.25	0.69	0.09	2.8
WD11	4.5~4.6	0.82	0.97	0.12	6.8
WD12	4.6~4.7	0.22	0.58	0.06	3.7
WD13	4.7~4.8	0.57	0.95	0.10	5.7
WD14	4.8~4.9	1.12	1.01	0.16	7.0
WD15	4.9~5.0	0.45	0.64	0.09	5.0
WD16	5.0~5.1	1.14	0.71	0.09	12.7
WD17	5.1~5.2	0.41	0.64	0.09	4.6
WD18	5.2~5.3	0.60	1.01	0.12	5.0
WD19	5.3~5.4	0.34	0.80	0.08	4.3
WD20	5.4~5.5	1.22	1.17	0.07	16.7
WD21	5.5~5.6	0.38	0.83	0.07	5.4
WD22	5.6~5.7	1.07	0.80	0.09	11.9

续表 4-5

样品编号	深度(m)	TOC(%)	TH(%)	TN(%)	C/N 值
WD23	5.7~5.8	0.48	0.91	0.10	4.8
WD24	5.8~5.9	0.60	1.08	0.12	5.0
WD25	5.9~6.0	0.65	1.15	0.13	5.0
WD26	6.0~6.1	0.68	1.17	0.14	4.9
WD27	6.1~6.2	0.35	0.50	0.05	7.0
WD28	6.2~6.3	0.52	0.50	0.06	8.7
WD29	6.3~6.4	0.24	0.37	0.04	6.0
WD30	6.4~6.5	0.87	1.19	0.17	5.1
WD31	6.5~6.6	0.30	0.68	0.07	4.3
WD32	6.6~6.7	0.34	0.77	0.09	3.8
WD33	6.7~6.8	0.35	0.46	0.05	7.0
WD34	6.8~6.9	0.23	0.51	0.04	5.8
WD35	6.9~7.0	1.43	0.71	0.09	15.9
WD36	7.0~7.2	1.42	1.10	0.12	11.8
WD37	7.2~7.4	0.68	0.90	0.10	6.8
WD38	7.4~7.6	0.75	0.50	0.15	5.0
WD39	7.6~7.8	0.88	0.60	0.10	8.8
WD40	7.8~8.0	1.15	0.45	0.04	28.8
WD41	8.0~8.2	0.95	0.80	0.12	7.9
WD42	8.2~8.4	1.40	1.22	0.20	7.0

4.2.5 沉积物颗分试验结果

通过研究第四纪沉积物的粒度特征、包含物属性等进而可以揭示第四纪沉积物和古环境的演变过程,是古环境演化研究一般常用的方法。第四纪沉积物

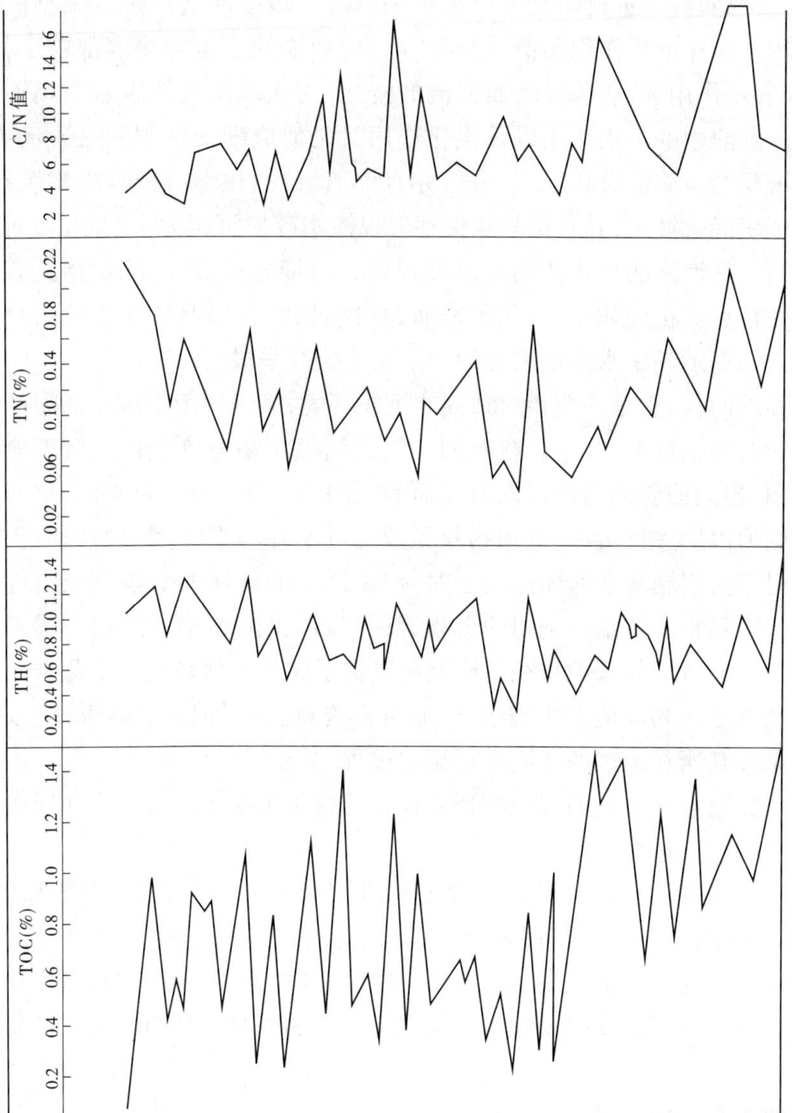

图 4-4　东平湖沉积物样品有机质含量测试曲线

粒度特征和包含物属性研究则需要通过探孔取样进行室内测试分析获得。

在湖泊地质作用下,堆积于湖盆内的沉积物成为湖积物。对湖积物的粒度特征、包含物属性等进行研究可以揭示湖泊古环境的演变历史。大型湖泊的地质作用与海洋地质作用相似,但相比而言,湖泊的规模和深度都较小,波浪、潮汐和底流作用远不及海洋,而河流的侵扰、注入以及其他因素对湖泊的影响较大。湖泊中的生物作用以及生化作用又是促成湖泊堆积的又一动力,因此湖泊沉积物虽然与海相沉积一样,亦有碎屑沉积、化学沉积及生物沉积,但较海相沉积混合性大,并且更易于保存。以淡水碎屑沉积为主的湖泊,岩性会以砂、粉砂、黏性土的形式从湖岸地带到湖心地带分布,碎屑沉积物具有明显的分选性特点。正因如此,近几年来通过对湖积物包括湖积物颗粒的分析研究成为人们揭示湖积水环境演变的一个重要研究手段。

对于湖泊而言,它是一个相对独立的沉积环境,静水环境下沉积的泥沙颗粒其粒径相对是偏细的,并且包含有相应的湖泊动植物遗迹、痕迹,属于典型的静水沉积,当湖泊受到河流侵入时,沉积物粒径会发生一定的变化,黄河冲积物进入湖泊以后进行沉积,沉积物粒径较之静水环境下的沉积物则粒径偏大、偏粗。另外,当湖水水体面积减小时,偏离湖心的区域的沉积物会出现沉积物颗粒经历稍粗→变细→稍粗的沉积旋回,显示出滨湖相→湖相→滨湖相的沉积特点。通过泥沙颗粒粒径的研究可以揭示湖泊水体环境的变化和变迁情况。这些方法再和其他方法相结合,如考古资料、历史记载资料等,可以恢复河湖水系或其所在地区的环境变迁演化过程。

本次研究重点通过湖泊沉积物颗粒粒径的变化来揭示黄河河床变迁在东平湖沉积物的反映情况。

野外通过布置钻孔进行了钻探,通过钻孔采取了原状样品,原状样品送回实验室进行了沉积物颗分(简称颗分)试验,沉积物颗分试验采用了自动化程度和试验精度比较高的英国马尔文(MASTER SIZER 2000)激光粒度分析仪。

通过颗分试验可以获得湖积物不同取样深度的原状样品的中值粒径和平均粒径。

沉积物颗分试验结果见表4-6。

表 4-6 东平湖沉积物颗分试验结果

分段编号	层号	深度（m）	分层深度（m）	中值粒径（μm）	平均粒径（μm）
第六段	①	1.0～1.2	1.8	45	45
		1.2～1.4		40	45
		1.4～1.6		24	36
		1.6～1.8		20	34
	②	1.8～2.0	2.2	18	30
		2.0～2.2		19	27
第五段	③	2.2～2.4	2.8	16	23
		2.4～2.6		16	25
		2.6～2.8		39	47
	④	2.8～3.0	3.5	35	51
		3.0～3.2		31	35
		3.2～3.4		28	30
第四段	⑤	3.4～3.6	4.2	27	35
		3.6～3.8		30	48
		3.8～4.0		27	33
		4.0～4.2		22	24
第三段	⑥	4.2～4.4	6.9	33	36
		4.4～4.6		41	43
		4.6～4.8		40	43
		4.8～5.0		30	34
		5.0～5.2		15	25
		5.2～5.4		14	26
		5.4～5.6		16	23
		5.6～5.8		16	25
		5.8～6.0		19	27
		6.0～6.2		36	43
		6.2～6.4		42	47
		6.4～6.6		37	39
		6.6～6.8		33	36

续表 4-6

分段编号	层号	深度（m）	分层深度（m）	中值粒径（μm）	平均粒径（μm）
第二段	⑦	6.8～7.0	7.8	30	48
		7.0～7.2		28	30
		7.2～7.4		18	30
		7.4～7.6		17	22
		7.6～7.8		17	25
第一段	⑧	7.8～8.0	10.0 m 未见底	20	28
		8.0～8.2		15	18
		8.2～8.4		22	32
		8.4～8.6		14	24
		8.6～8.8		12	18
		8.8～9.0		16	20
		9.0～9.2		14	20
		9.2～9.4		13	26
		9.4～9.6		18	22
		9.6～9.8		15	18
		9.8～10.0		16	20

4.2.6 黄河下游河床演变的东平湖沉积响应研究

根据地层特征、磁化率测试结果、黏土矿物含量测试结果、有机质含量测试结果等，结合^{14}C测年以及年代考古、历史文献记载等资料，对黄河下游河床演变的湖泊响应问题进行综合分析论证。

需要说明的是，东平湖的发展变迁经历了大约5个不同时期的发展阶段，具体来说，东平湖发展变迁经历了远古时的大野泽，秦、汉时称巨野泽，五代以后称为梁山泊，明末始叫安山湖，清初易名为东平湖几个阶段，各个发展阶段湖水的变迁演化都与黄河的变迁与演化有着密切相连的关系，湖底沉积地层应与湖河变迁密不可分。

为了便于分析和论述,本书把地层分为6个大段,自下部至上部依次为第一段至第六段,各个分段号分别一一与原地层分层号逆对应,其中第五段包括了地质分层的第③和第④两层,第六段包括了地质分层的第②和第①两层,具体分段与分层的对应关系见表4-7。

表4-7　东平湖沉积物颗分结果

分段编号	地层划分层号	钻孔深度(m)	分层深度(m)
第六段	①	1.0~1.8	1.8
	②	1.8~2.2	2.2
第五段	③	2.2~2.8	2.8
	④	2.8~3.5	3.5
第四段	⑤	3.5~4.2	4.2
第三段	⑥	4.2~6.9	6.9
第二段	⑦	6.9~7.8	7.8
第一段	⑧	7.8~10.0	10.0 m未见底

第一段,孔深7.8~10.0 m(未见底),从岩性以细颗粒为主、颜色偏深、含有有机质的特征,以及野外钻探过程中发现的白色壳状碎片,经对白色壳状碎片室内鉴定为田螺、介形虫等淡水湖生动物遗骸碎片,说明该层为典型的湖相沉积。

在10 m处采取土样对其进行了^{14}C年代测试,测试结果为4 500~5 000年,同层7.8 m处地层^{14}C测年结果为(2 250±80)年,因此可以认为,孔深10 m上下地层为远古时期沉积,相当于东平湖的大野泽时代的早期,7.8 m上下地层大致相当于公元00年前后,即我国历史上的秦、汉时期,相当于东平湖的巨野泽时代。

大野泽亦称巨野泽,形成于远古时代,主要是以古济水、汶水为主要补给水源。古济水是黄河的一个分流水道,因此各个历史时期,大野泽的水势大小及其发展变化,直接受黄河决溢及河道变迁的影响。据《尚书·禹贡》记载有"大野既猪,东原底平"。所谓东原,即在"济水之东也",据清初胡渭的注释:"东原乃汶水下流,禹陂大野,使水得所停,而下流之患以纾……"这段文字说明:第一,"禹陂九泽"中治理大野泽是治理水害的重要组成部分;第二,汶、济水汇于东原,东原一带是大野泽的下流;第三,大禹治水之前,东原是大野泽的一部分,这是有关东平湖地区传说最早的记述。

8 m 以下的磁化率测试结果显示(见图 4-2),该段磁化率处于很低水平,最高值仅为 15×10^{-6},最低值为 6.7×10^{-6},也是整个钻孔磁化率测试的最低值,TOC 为 0.95 ~ 1.40,是整个钻孔测试数值中偏高值, TH 值为 0.80 ~ 1.22,也是整个钻孔测试数值中偏高值,TN 值为 0.12 ~ 0.20,总体属于偏高值,C/N 值为 7 ~ 7.9,属于藻类环境沉积物,沉积物中黏土矿物含量高岭石与蒙脱石进入峰值阶段,伊利石则进入谷值阶段。

以上测试结果表明,此时段为湖水水面扩大,湖相沉积,湖泊处于还原环境,湖水不受外来河流干扰的影响。

由此可见,10.0 ~ 8.0 m,在我国历史上大致相当于公元前 2500 年至秦、汉时期,也是东平湖最早的湖泊发育时期即大野泽时代。

公元 6 世纪的《水经注》记录的华北平原古湖泊就有 500 多个,其中黄河下游就有 130 多个,这些湖泊在黄河长期泛滥下,有的消失、有的扩大,因此可以说,湖泊的变迁是反映黄河河床变迁历史的一个侧面反映。

根据 20 世纪 90 年代马国彦、王喜彦等黄委地质专家的研究,黄河下游河道的形成始于三门湖的贯通,黄河下游河道的形成是由于三门湖的扩展进入华北湖,从而揭开了黄河下游冲积型河道的发育阶段,黄河冲积扇也由此而进入了新的成长期。黄河下游河道形成于早更新世或中更新世期。最早的黄河并无固定的流路,很可能在华北平原自由游荡。距今 4 500 年前后,即全新世中期,全球进入了一个气候湿润时期,当时海平面较高,河口水沙排泄不畅,内陆平原存在诸多洼地,每及汛期河水泛滥四溢,河流与湖泊串通,到处是水域,《孟子 · 滕文公上》记载:“洪水横流,泛溢于天下。”讲述的就是一段黄河的情况,显然,当时的黄河给人类的活动带来了极大不便。大禹提出变堵为疏的“疏水”治河策略,依地势导流将洪水顺着低洼之地导入大海。根据《禹贡 · 导水》记载:“导河积石,至于龙门,南至华阴,东至于砥柱,又东至于孟津。东过洛内,至于大伾,北过降水,至于大陆。又北播为九河,同为逆河入于海。”据记载,禹时期黄河下游是自由漫流、游荡性河流,并不存在“地上河”。此时期的黄河主要沿“禹王故道”即自河南新乡、向北行至河南内黄、流经河北临漳、巨鹿、献县,在天津附近入渤海(见图 4-5)。据元代王喜《河防记 · 治河图略》论证,从大禹治河至公元前 602 年发生的黄河河徙“禹王故道”有 1 710 年。在古籍中也有一些关于这一时期东平湖的记载,战国时期《周礼 · 夏官 · 职方氏 · 衮州》中记载“其泽薮曰大野……”,《左传 · 哀公十四年》:“西狩于大野获鳞”,都是泛指这一带。汉初成书的《尔雅》中也记载到:“国有十薮,鲁有大野。”由于当时的黄河远离大野泽湖区,因此这一时期的大野泽沉积并没有受到黄河的影响。

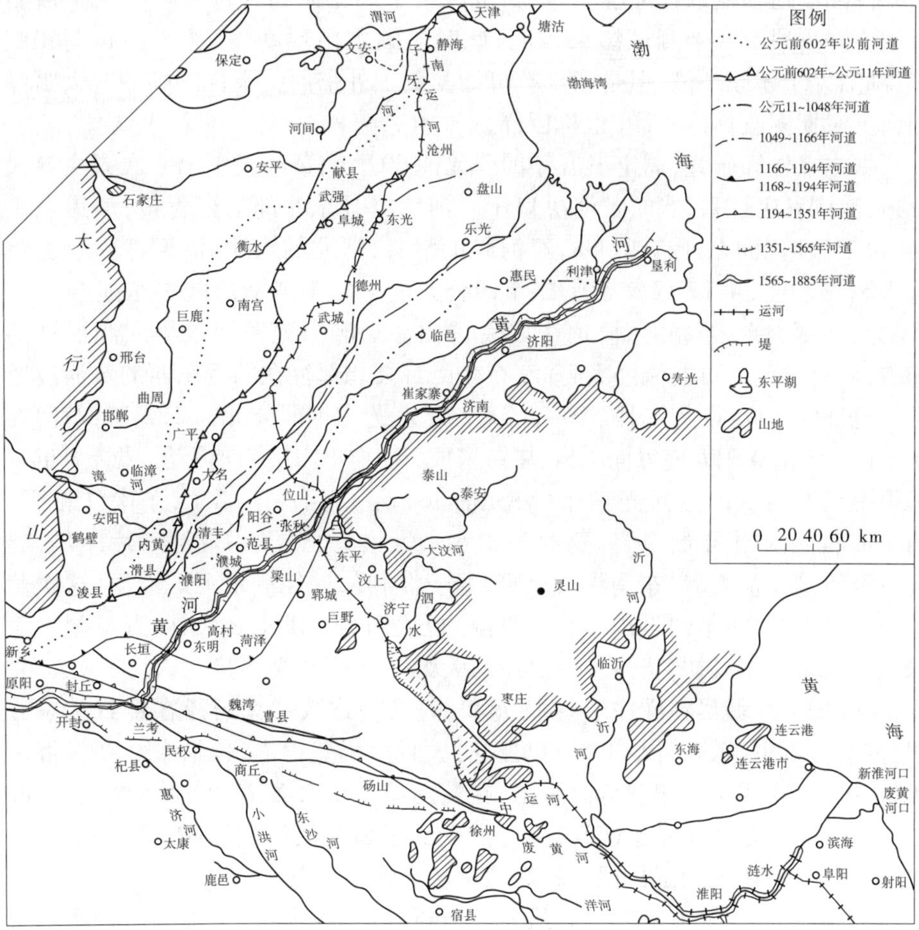

图4-5　黄河下游河床变迁示意图(据喻宗仁等2004简化)

在第一段孔深7.8~8.3 m为灰色、灰黄色粉砂、砂壤土、淤泥质壤土,7.8 m地层年代为(2 250±80)年,7.8 m上下地层大致相当于公元元年前后,即我国历史上的秦、汉时期前后,大致相当于东平湖的大野泽时代至巨野泽时代。从岩性上分析,沉积物以粉砂、砂壤土为主兼有壤土,沉积物颗分结果,中值粒径15~22 μm,平均粒径18~32 μm,该段湖泊沉积物粒度较之其下颗粒偏粗且含有细颗粒，反映出动水环境沉积的特点。磁化率测试结果显示（见图 4-2），该段磁化率出现波动，有机质含量测试结果 TOC 为 0.95～1.15，TH 值为 0.45～0.80，TN 值为 0.04～0.12，总体属于偏高值，C/N 值高值 28.8，属于外源陆生植物输入性环境沉积物，沉积物中黏土矿物含量高岭石与蒙脱石进入下降阶段。以上测试结果表明，此时段湖水出现动荡，虽然仍属湖相沉积，湖泊处于还原环境，但是湖水有可能受到了外来河流干扰的影响。大野泽到西汉时期多改称巨野泽（也称巨泽）。

据喻宗仁等研究，周定王五年即公元前 602 年，黄河发生第一次大决口大改道，河床发生迁移，当时黄河决口于今河南滑县东北部的宿胥口，河道从黄河"禹王故道"向东迁移 40 km，经河南的滑县，河北的大明、清河、沧州、黄骅流入渤海，见图 4-5。汉文帝十二年即公元前 168 年，"河决酸枣东遗金堤"，"于是，东郡大兴，卒塞之"。河决之后，"河溢通泗"，是黄河最早入泗汇淮的记叙，此时的黄河可能流经大野泽，在今巨野县北部存在的近东西的黄河故道堆积也证实了此推断。时隔 36 年，汉文帝元光三年即公元前 132 年，黄河在瓠子口今河南濮阳西南方向决口，堵口未成，黄河向东南方向流动。据《史记·河渠书》记载：汉武帝元光三年（公元前 132 年）"河决于瓠子，东南注钜野，通于淮泗，后二十年始塞"。这时补给水量大增，大野泽一带是一片汪洋，泛滥波及范围又扩大。"东南注入巨野，通于淮泗"，并经泗水汇入淮河，这次黄河流经大野泽 23 年，"吾山平今巨野溢"也说明当时洪水之大、巨野泽湖水之深。西汉末至东汉初，黄河又一次注入大野泽，巨野"湖泽广大，南通洙泗，北连济清，旧县故城尽在泽中"。据《元和郡县志》记载："大野泽在钜野县东五里，南北三百里，东西百余里。"可见汉时大野泽仍然很大，包括东平湖一带是无疑的。从这些历史记载可以看出，在黄河第一次大改道、河流泛滥期间，即公元前 602 年至公元元年期间，大野泽受到了黄河泛滥的影响，7.8～8.3 m 的岩性特征和相关测试数据也较好地反映了这一特点。

第二段，孔深 6.9～7.8 m，从岩性分析，沉积物为灰色、灰黄色淤泥质壤土、黏土，沉积物颗分结果，中值粒径 17～30 μm，平均粒径 18～48 μm，该段湖泊沉积物粒度较之其下伏第一段沉积物颗粒偏细，反映出静水环境沉积的特点，含有淡水螺碎片，说明该层为典型的湖相沉积。

关于该段地层的时代，我们可以推断应该处于我国历史秦汉时期以后，下面采用考古学的方法和平均磁化率推算的方法进行具体确定。

据东平县志记载，东平湖在我国历史上曾是一处著名的风景名胜，三面环山、景色优美，湖中有岛，岛上建有"藏门寺"，现仅存钟楼、碑碣等，当时湖水荡漾、碧波万里,风光旖旎,唐代文人苏源明曾写下了“小洞庭兮寓方舟,风袅袅兮离平流,寓兮舟兮小洞庭,云微微兮连绝陉。”诗人把东平湖誉为“小洞庭”,欧阳修曾轻舟泛荡湖中,极目远眺,心旷神怡,发出了“乐郊何所乐,所乐从公游”的感慨,李白、杜甫等大家也留有赞美东平湖的诗句,可见当时风光之秀丽、景色之迷人。湖中建有“清水石桥”,据《元和郡县志》记载,清水石桥始见于隋仁寿元年即公元601年,距今已有1 400多年的历史,比赵州桥还早建5年,唐代诗人高适到此游玩,写下了“沙岸泊不定,石桥水横流”的诗句以赞美该桥,清水石桥早已被掩埋于湖底。2001年10月,作者在黄河水利委员会工作到东平湖从事东平湖截渗墙建设项目工程地质勘察工作时,曾在该层上部钻探取样时取出条石碎块、桥板石碎块,经鉴定为建桥所用材料。东平湖除了有清水石桥建造的记录外,并无其他再行建桥记叙,考虑到唐代该桥还屹立于湖上和宋代以后的文献中再无该桥的记述的客观事实,因此可以推测“清水石桥”最早应在唐后即五代时期有可能被淹没。该地层上部所对应的时代大致应该为隋唐以后时期即公元900年后。按照我国历史,汉代以后依次经历了三国(公元220~280年)、晋(公元265~420年)、南北朝(公元420~589年)、隋(公元581~618年)、唐(公元618~907年)、五代(公元907~960年)、宋(公元960~1279年),因此第二段孔深6.9~7.8 m的沉积物应为自秦至五代时期的湖泊沉积。

平均磁化率推算的方法是湖泊沉积物年代研究中常用的方法,通过对湖泊平均沉积速率的计算进行年代估算。由第一段的测年资料可知,自孔深10~7.8 m的沉积共用时大约2 250年,平均沉积速率为0.5~0.9 mm/年,自汉至五代千年左右,沉积厚度为0.5~0.9 m,基本对应着第二段孔深。因此,第二段孔深6.9~7.8 m的沉积时代大致为自汉至隋唐、五代时期的沉积,距今大约有900年的时间。

该段下部7.2~7.8 m,沉积物颗分结果,中值粒径17~22 μm,平均粒径22~30 μm,沉积物粒度较之本段上部颗粒稍偏细,反映出一定的静水环境沉积的特点。磁化率测试结果显示(见图4-2),该段磁化率处于低值水平,表明水体相对稳定,受外部干扰较少;有机质含量测试结果TOC为0.68~0.88,TH为0.50~0.90,TN为0.10~0.15,总体属于偏高值,C/N为5.0~8.8,属于藻类湖生植物沉积环境;沉积物中黏土矿物含量高岭石与蒙脱石进入峰值阶段,揭示当时沉积环境水量丰沛、气候湿润。

该段上部6.9~7.2 m,沉积物颗分结果,中值粒径28~30 μm,平均粒径30~48 μm,沉积物粒度较之本段下部颗粒稍偏粗,反映出一定的动水环境沉积的特点。磁化率出现了波动,表明湖水沉积受到了一定的侵扰;有机质含量测试结果,C/N 为 11.8 ~ 15.9,均大于 10,属于外源陆生植物输入性环境沉积物,沉积物中黏土矿物含量高岭石与蒙脱石进入下降阶段。以上测试结果表明,湖水有可能受到了外来河流干扰的影响。

从上面的叙述可以看出,第二段,孔深 6.9 ~ 7.8 m,整体上自下向上处于较稳定沉积环境,在顶部出现了沉积环境的波动,即湖水基本上处于丰盈充沛时期,气候湿润,晚期出现了外来沉积干扰。历史上东平湖这一时期仍称巨野泽。

根据历史记载,西汉末期王莽始建国三年即公元 11 年,黄河发生第二次大改道,“河决魏郡,泛清河以东数郡”,即黄河在魏郡元城(今河北大名东部)发生决口,河水四溢泛滥,黄河河道向东迁移了 80 km,黄河沿河南濮阳、东流山东清丰、阳谷、聊城、临邑、惠民至利津入海,历史上将第二次改道后的黄河称为“东汉河”。见图 4-5。公元 69 年王景治河成功,从河南的荥阳修堤至今山东滨州蒲城河口达千余里。一则因王景治河固堤,二则因东汉河顺应我国西高东低的地形特点而东泄,因此东汉河河道稳定,黄河安流,东汉河得以行河 1 037 年,黄河历经东汉、晋、南北朝、隋、唐、五代无大的水患。五代后晋开运元年即公元 944 年,黄河在河南滑州决口,据《东平湖志》记载,这次黄河决口,洪水迅猛东漫,大水淹梁山县,冲夺汶河,并与南旺、蜀山湖联成一片,弥漫数百里,东平湖受到黄河水的冲击。1020 年,黄河在河南滑县决口,洪水经过河南濮阳、山东曹县、郓城流入巨野泽。

由上面的历史记载及历史上留传的赞美东平湖的诗词可见,在黄河第二次大改道期间,即公元 11 年至 1048 年,早期的东平湖基本未受到黄河决口的侵扰,湖水稳定,湖色优美,至五代以后,东平湖受到了黄河泛滥的影响,并由此开始了八百里梁山水泊的历史。

对照第二段岩心样品的各种测试结果,即在孔深 6.9 ~ 7.8 m 段中,下部 7.2 ~ 7.9 m 大致与我国历史上东汉、晋、南北朝、隋、唐时期相当,孔深 6.9 ~ 7.2 m 大致与我国历史上五代前后相当,该段湖泊沉积物的综合特征基本上反映了黄河第二次大改道期间的沉积特点。

第三段,孔深 4.2 ~ 6.9 m,从岩性上分析,上部为浅灰色、浅黄色砂壤土,粉砂;中部为灰色、浅黄色淤泥质黏土、壤土;下部为灰黄色粉砂、砂壤土。它为滨湖湖积沉积物。

关于本段地层的时代,20 世纪 50 ~ 60 年代,黄河水利委员会设计院曾在东平湖地区兴修引水涵闸、围坝等水利工程,在工程地质勘察过程中,曾在该地层下部发现有莲子、植物根茎、陶片等，经鉴定其时代为宋代早期，至今在梁山地区人们仍把这种莲子称为宋江莲。因此，可以认为第三段地层应属宋代，结合后面第四段地层的时代鉴定（见后论述），可以推断本段地层的时代应为我国历史上宋至金时代，即为1000～1200年。

这一时期的东平湖属于梁山泊时代。

从岩性上分析，下部为砂壤土、粉砂，沉积物颗分结果，中值粒径为33～42 μm，平均粒径为36～47 μm；中部为淤泥质黏土、壤土，中值粒径为14～19 μm，平均粒径为23～27 μm；下部为粉砂、砂壤土，中值粒径为36～42 μm，平均粒径为36～47 μm。自下而上，沉积物颗粒经历了稍粗→变细→稍粗的沉积旋回，显示出滨湖相→湖相→滨湖相的沉积特点。磁化率测试曲线出现了5～6次波动，有机质含量测试结果，TOC发生低→高→低变化，出现动荡变化的趋势，总体TH值为0.50～0.90，C/N值也出现了高低波动，属于沉积环境变化动荡不稳定的特点，沉积物中黏土矿物含量高岭石与蒙脱石进入下降阶段，伊利石出现低值区间的波动，即气候由湿润向偏干方向变化。以上测试结果表明，湖水有可能受到了外来河流干扰的影响，水域面积也有了较大的变化。

据记载，宋仁宗庆历八年（1048年），黄河在今河南濮阳东昌湖集附近发生大改道，黄河经大名、馆陶、临清、东光、青县，在天津流入渤海，即黄河北迁发生第三次大改道，史称商胡北流，见图4-5。宋神宗熙宁十年（1077年），黄河再次决口，洪水流入梁山泊；金天会六年，南宋高宗建炎二年（1128年），黄河在今河南浚县、滑县决口，经长垣、东明流入梁山泊，并由泗水入淮河。1166年，黄河在阳武决口，经郓城进入梁山泊，这次洪水浩大，出现了沿途避洪迁城的状况。1168年，黄河又在今河南滑县沙店镇南决口，洪水经菏泽、单县、砀山等地，至徐州进入淮河，夺淮入海。这次黄河的南移由淮河入海，河道远离了梁山泊（喻宗仁等，2004）。

孔深4.2～6.9 m的岩性、沉积相及各种测试结果和黄河河道在宋金时期的动荡大致吻合，沉积物的特征也基本反映了这一历史时期黄河河道变迁特点。

第四段，孔深3.5～4.2 m，浅黄色、黄色壤土，黏土，砂壤土，其中，下部孔深4.0 m左右偶见铁、锰质小结核，铁、锰质小结核的出现说明其对应时期处于偏氧化环境。属于冲、湖积地层。

关于本段地层的时代，文献[17]有过论述，位于现东平湖西北部的梁山贾庄村，其村民在该段地层附近挖出了宋代的船只、兵械等物，经考古专家鉴定和分析,属于宋代时期的护粮船被元代土壤所掩埋,很可能是船只在运送粮食过程中,遇到风浪或其他变故而发生了沉船。据此推测第四段地层时代大致应改为我国历史上金末至元前后时期。

本段沉积物,取样颗分结果,中值粒径为22~30 μm,平均粒径为24~48 μm,磁化率总体处于中等水平,有机质含量偏平均处于中值区,测试结果C/N值为2.9~7.6,沉积物中黏土矿物含量高岭石与蒙脱石进入谷底区间并有一定的波动,而伊利石含量则进入高值区并出现了峰值。以上测试结果表明,在我国历史金末至元前后时期,梁山泊总体上处于少水、偏干沉积环境。下部孔深4.0 m左右的铁、锰质小结核说明该时期沉积物处于少水、偏氧化环境甚至出现了水退、湖面减小,沉积物进入一定的土壤化阶段。

据记载,金章宗明昌五年(1194年),黄河在今河南新乡原阳一带发生决口,黄河发生第四次大改道,见图4-5,黄河经延津、封丘、长垣、兰考、东明、曹县,入单县、砀山、秦清江口云梯关入黄海。由于彻底断绝了黄河水源,金末梁山泊地区很多地方已经变为陆地,湖面很小。元代黄河也有决口并注入梁山泊,元顺帝至正四年(1344年),黄河在山东曹县发生决口,水流流入梁山泊一带,巨野县被淹没,梁山泊遂又成为泽国,元顺帝至正十一年(1351年),贾鲁治水,黄河回归汴河故道,离开了梁山泊,梁山泊再次断绝了水源,水面缩小,走向衰退阶段。

第四段,即孔深3.5~4.2 m的沉积物及其测试资料也较好地印证了金末至元前后黄河河道第四次大变迁期间的状况。

第五段,该段包括第③和第④两层,孔深2.2~3.5 m,其中,2.2~2.8 m为黄色粉砂、砂壤土,下部粉砂中偶见绿豆大小的砾石。2.8~3.5 m为黄色粉砂、砂壤土,偶见绿豆大小的灰白色团状土粒,团状土粒呈松软状,手稍压即裂开。

本段上部第②层冲-湖积层的时代为清朝东平湖时期沉积,下伏地层顶部为元前后时代沉积,本段处于其中间,因此可以据此推测第五段地层的时代大致应为我国历史元至明清时期。东平湖这一时期则进入了安山湖时代。

本段沉积物取样颗分结果,中值粒径多数为28~39 μm,平均粒径多数为35~51 μm,颗粒粒径明显偏粗;本段磁化率处于波动水平,反映出沉积环境受外来影响很敏感,河湖相互干扰,说明湖水水体较浅;沉积物中黏土矿物含量高岭石与蒙脱石处于偏低水平,并有一定的波动,而伊利石含量则出现了峰值。以上测试结果表明,在我国历史元至明清时期,东平湖总体上处于少水、偏干沉积环境。第③层下部绿豆大小的砾石则说明属于冲积沉积为主,反映出黄河冲入湖泊水流相互干扰的特点,第④层绿豆大小的灰白色团状土粒,属于浅水-干燥的沉积环境,具备一定的成壤作用,团状土粒呈松软状,手稍压即裂开,表明具有弱成壤作用、成壤历史时间短暂的特征。

据记载,明孝宗弘治二年(1489年),黄河在今河南开封和河南封丘荆隆宫发生决口,黄河发生第五次大改道,见图4-5,洪水分为三支,向南一支分为三股,进入涡河、颍河并淮河入海,向北一支由长垣、东明冲入张秋,向东一支由开封走商丘、徐州,通泗水汇合淮河入海。清弘历三年(1490年),白昂筑阳武长堤,以防黄河北泛,并疏通、改造涡河,这样到1494年,基本上留下向东的一支,明代后期黄河长期夺淮河入海,梁山地区不再受到黄河的泛侵。在此期间,安山湖仍然存在,只是由于远离了黄河,缺乏水源补充,湖面渐渐缩小,逐步走向干涸。

第五段,即孔深2.2~3.5 m,从沉积物岩性和岩相特征、测试资料特征看,说明湖泊沉积环境与黄河第五次大改道期间东平湖当时的背景是相符合的。

第六段,该段包括第①和第②两层,即0~2.2 m,上部0.6 m为浅黄色、黄色砂壤土,0.6 ~1.0 m为浅黄色、黄色粉砂,1.0 ~1.8 m为浅黄色、黄色壤土,砂壤土,该层为冲积沉积物。1.8~2.2 m为浅黄色、浅灰色淤泥质砂壤土、壤土,含有有机质,稍具腥味。该层为冲湖积沉积物。

本段沉积物磁化率测试曲线结果显示,整个时段进入高值区间,表明黄河泥沙中高磁化率颗粒的大量涌入,证明此时段处于大量外源物质的涌入。

关于本段地层的时代,从第②层的岩性和岩相分析,该层具有湖积的特点,且位于整个层位的最上部,时代应该最新,结合东平湖的发育、演变历史看,应该属于东平湖时代沉积期,即属于清代时期沉积的地层。由此可以认为,第六段地层的沉积时代应为清至现代。

清咸丰五年,即1855年,黄河发生第六次大改道,即“铜瓦厢改道”。黄河在河南兰考铜瓦厢决口改道以后,主流先向西北又折转东北淹及封丘、祥符、兰阳、仪封、考城、长垣等县,后流入山东,淹及曹州、东明、濮城等地,在张秋横穿运河,夺大清河河道至利津注入渤海,结束了黄河此前长期南流汇淮入海的“明清河道”行水的历史。据《东平湖志》等有关资料记载,1855年黄河决口以后,在东坝头至鱼山之间,没有旧河道可循,黄河洪水漫流在鲁西地区,在该地区原有的宏水河、小刘河、赵王河等坡水河道,都被黄河洪水所夺占或者冲断,最后都经东平湖一带流入大清河入海。河水泛滥东平湖地区,“民田汇为泽”。漫水增加了这一地区水源,使得大片地区形成了新的水域,形成了东平湖。1855 年的黄河决口是东平湖形成的决定因素。

可见,钻孔中的第②层冲湖积沉积物正是反映了黄河这一时期汇入东平湖形成新的沉积过程的历史痕迹。

通过以上对湖底沉积物的分析可以看出:

(1)孔深 10 m 内沉积物按岩性、岩相、沉积时间等大致分为八层,岩性存在三种组合,即以细颗粒为主的黏土、壤土类,黏土、壤土与砂壤土、粉砂薄层互层类,相对粗颗粒为主的砂壤土、粉砂类;分别反映出湖积沉积、冲-湖积沉积、冲积或冲-湖积沉积环境。孔深 10 m 内沉积物大致分为六个时代段,大致与我国历史上黄河河床六次大的变迁事件相吻合。分别对应史前期黄河至第一次黄河河道大变迁(公元前 602 年~公元 11 年)、黄河第二次河道大变迁时期(公元 11~1048 年)、黄河第三次河道大变迁(1048~1194 年)、黄河第四次河道大变迁(1194~1494 年)、黄河第五次河道大变迁(1494~1855 年)、黄河第六次河道大变迁(1855 年至现代)。

(2)沉积物磁化率曲线大致分为三种数值区间,第一种是低值区间,大致位于孔深 4 m 以下,对应时代大约是金末时代,表明此前湖泊沉积物中磁性矿物含量还处于较低水平;第二种是中值区间,大致位于孔深 2~4 m,表明沉积区处于外来物源磁性颗粒的侵入调整期;第三种是高值区间,大致位于孔深 2 m 以上,表明沉积区处于外来物源磁性颗粒的大量涌入,同时也反映出近代黄河流域植被的减少、水土流失的加重和黄河流域环境的恶化。

(3)沉积物有机质测试结果总体呈现的特征是,深度自下至上沉积物有机质含量由高到低的变化,反映出研究对象湖泊初始生产能力由强到弱的减弱趋势,同时从另一个侧面也反映出湖体水面、湖体水深呈现由面大、水深向面小、水浅方向的转变趋势。基本上反映了东平湖本身演化、变迁的历史痕迹。

(4)沉积物黏土矿物测试结果呈现波状曲线的形态,沉积物中黏土矿物高岭石与蒙脱石含量曲线的谷底区、峰值区大致与伊利石含量曲线的峰值区、低值区所对应,大致反映了沉积物所处环境冷、热、干、湿交替的变化趋势。

(5)综合分析沉积物的岩性、岩相、沉积时间和沉积物磁化率曲线,沉积物有机质测试结果,沉积物黏土矿物测试结果等资料,钻孔沉积物分层与分段大致反映了我国黄河河床六次大的变迁、演化状况。

5 内外动力地质作用对黄河下游河床变迁的影响效应研究

黄河是一条古老的大河,历史上黄河下游改道频繁,黄河有史以来,曾发生过许多次大小规模不同的决口改道,在西起郑州、北至天津、南抵淮河河口的黄淮海大平原上,或北流注入渤海或南迁夺淮入黄海,是一条“善淤、善决、善徙”的河流。研究黄河历史上不同时期决口情况,并分析决口改道、河床变迁的原因,对于研究现黄河具有重要的意义。黄河决口改道、河床变迁的原因主要可分为自然作用和人为作用两大类,本章选择黄河下游1855年黄河最新一次河床大变迁大改道事件为研究对象,以自然作用为主,探讨内外动力地质作用对黄河下游河床变迁的效应。

5.1 内外动力地质作用对黄河下游河床变迁的影响效应概述

根据地质学观点,任何地质现象都是地球内外动力地质作用的结果,河流的河床变迁也是一种地表地质作用现象,尽管它不像造山运动、地震运动等巨大的地质运动、地质作用现象那么明显,但是,从地质作用动力来源讲,河床变迁也应该是地球内外动力地质作用的结果,只不过与其他动力地质作用相比,在河流河床变迁方面,地球内外动力地质作用表现的方式、效应更多的是间接的、隐含的、渐进的、积累式的,换句话说,地球内外动力地质作用对河流河床变迁的效应是通过另外的替代表象来表现的,替代表象往往为人们所更多关注,如人们更多关注引起河床变迁的洪水大小与历时、泥沙的冲刷与淤积、河势与河型的转化等替代表象,这并无不当,因为它们是引起河床变迁更直接、更具体的要素,另外,专业需要也理应如此,但是,从地质学科的角度来看,其最本质的因素仍是地球的动力地质作用。

外动力地质作用,起源于太阳能和重力能的影响所产生的冰川、水流、海浪、风等的作用,尽管每一种营力各有其自身的特点,但其效应都可归结为侵蚀、搬运、堆积三种。任何河床的变迁,与上述外动力地质作用都有着千丝万缕的关系,如风带来气候的变化、气候的变化又会造成降水的多少、降水的多少又会影响水量的大小、水量的大小又会影响河床的演化与变迁。外动力地质作用对河床变迁的影响是非常宽泛的,本章着重研究水流作为一种外动力地质作用即河流地质作用对河床变迁的影响效应。

水流最常见的一种形式是河流,水流与河床相互作用是河流两个矛盾的方面。水流是有能量的,河床演变中常用到流量与流速,而流量与流速直接和水流的能量有关,水流的能量则消耗于对泥沙的侵蚀作用、搬运作用,堆积作用是能量平衡的一种表现。水流通过对床底的侧蚀、下蚀改变洪水中泥沙含量,同时水流还通过对泥沙的搬运和沉积改变着河床,河床的变迁是水流外动力地质作用和其他因素叠加的极端结果。

内动力地质作用是地球深部物质运动引起的地壳构造运动和岩浆运动。其中,新构造运动是最常见的内动力地质作用形式之一,对黄河下游河床变迁有直接的影响。需要说明的是,新构造运动,特别是新构造差异性运动对河床变迁的影响效应主要体现在控制河流走向、控制河相、影响河势、影响河流沉积、诱发河床变迁的地点、主导河床变迁的范围等方面,对黄河河床的变迁起着诱导和控制性作用。

5.2 明清河道概况

明洪武二十四年(1391 年)黄河在原武黑羊山(今河南原阳县原武镇)等多处决口流向东南方向,由今河南开封、兰阳(今兰考)、虞城、下徐(今江苏徐州)、淮阴在大淤尖入黄海,当时河有多股,1572 年后黄河归为一槽,并一直维持了 280 年,即形成明清河道。明清河道一直维持到 1855 年东迁现行河道为止。

明清河道,流经河南、山东、安徽、江苏四省注入黄海,见图 5-1。明清河道从东坝头以下到废黄河口,全长约 738 km,自河南兰阳(今兰考)蔡家楼以下至徐州段,黄河有明显的主槽,一般宽 250 ~ 500 m,槽深,兰阳至睢县一般不到 3.5 m,商丘至砀山河段小于 6 m。堤防堤距,河南、山东段 7 ~ 15 km,安徽、江苏河段 2 ~ 4 km,其中徐州以下河段 1 ~ 2 km。堤防高度,东坝头至徐州河段南岸 2 ~ 5.2 m,北岸 2 ~ 6 m,徐州至淮阴河段南岸 1 ~ 3 m,北岸 0.5 ~ 2.5 m,淮阴至大淤尖河段南岸 0.5 ~ 1 m,北岸 0.2 ~ 1.7 m。从当时的明清河道特点看,明清河道在 1855 年铜瓦厢决口改道前已经是典型的地上悬河了。

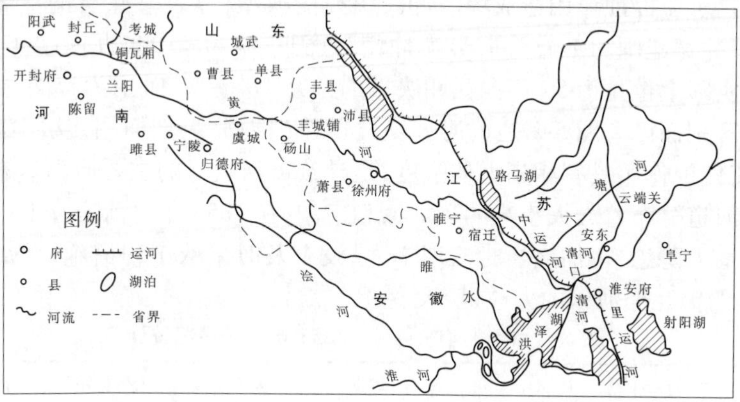

图 5-1　黄河明清河道示意图

5.3　河流地质作用对黄河下游河床变迁的影响效应

河流地质作用对黄河下游河床变迁的影响效应主要表现在水流的侵蚀作用、水流挟带泥沙的沉积作用，而在河床演变、变迁过程中，这两个方面是密切联系在一起的，共同对河床的演变、变迁发生直接作用，这种直接作用的效果——积极性的或消极性的则取决于来水来沙条件及其组合，其效应直接表现在河型、河相等方面。

黄河的河床变迁过程为前一次河流改道变迁形成新的河道，人工约束→新的河床通过冲刷与淤积发生演变→地上悬河的形成与恶化→河流再一次发生改道→河床发生大变迁→再次形成新的河床，明清河道的变迁同样遵循这一规律。1855 年前的 30 年间，在河流地质作用的消极影响下，明清河道的河型、河相正逐步走向极端。

1855 年时的明清河道，自徐州以上总的特点是滩面宽阔、主槽萎缩、水流游荡，东坝头一带平行河道分布着大大小小的顺堤河和串沟，每年洪水漫堤，直冲北岸堤防，水流侵蚀作用很强。水流侵蚀作用的直接危害是，冲蚀滩面和堤防及堤基，如果主流历时长则会形成三种危害：一是主流持续顶冲堤防，在堤防前形成冲刷坑而造成堤防出险；二是河势变化会使得主流脱离工程控制，直接顶冲滩岸或抄后冲刷，造成滩岸坍塌，进而危及堤防整体安全；三是大水漫过堤防，在堤防后形成冲刷坑。这种形式的决口在 1855 年之前的 14 年间已经连续发生多次，表 5-1 是黄河水利委员会统计的 1841 ~ 1855 年明清河道所发生的决口情况，决口形式均为冲决。其中，河南的中牟九堡 1843 年发生的决口是水流侵蚀作用造成堤防冲决决口的典型,地表条件与铜瓦厢非常类似,决口冲宽范围为 1 438 m,最大冲刷深度近 40 m。中牟九堡 1843 年发生的决口实际上也是 1855 年铜瓦厢决口的预警,只是决口的洪水大小和决口规模存在区别而已。图 5-2 是黄河大堤九堡口门地质纵剖面图,从图中可以看出,水流侵蚀作用具有相当大的强度,是导致黄河决口的主要原因。东坝头一带平行河道分布着大大小小的顺堤河和串沟,在 1855 年之前实际上已经构成决口的最大隐患,再加之当时治理不力,没有及时采取工程措施,并最终酿成 1855 年的铜瓦厢河床的大改道、大变迁。

表 5-1　明清河道 1841～1855 年决口情况统计

年份	1841 年	1842 年	1843 年	1845 年	1851 年	1855 年
决口地点	开封 张家湾	桃源崔镇	中牟九堡	桃源	丰县丰下	兰考 铜瓦厢
决口形式	冲决	冲决	冲决	冲决	冲决	冲决
备注	道光 二十一年	道光 二十二年	道光 二十三年	道光 二十五年	咸丰元年	咸丰五年

河流的地质作用还影响着河流的河型和河相,水流的侵蚀作用使凹岸得到冲刷、冲刷的泥沙在凸岸进行沉积,除水流的输沙能力因素外,河流的河型和河相也是由水流的侵蚀作用和泥沙的沉积作用共同影响的结果。

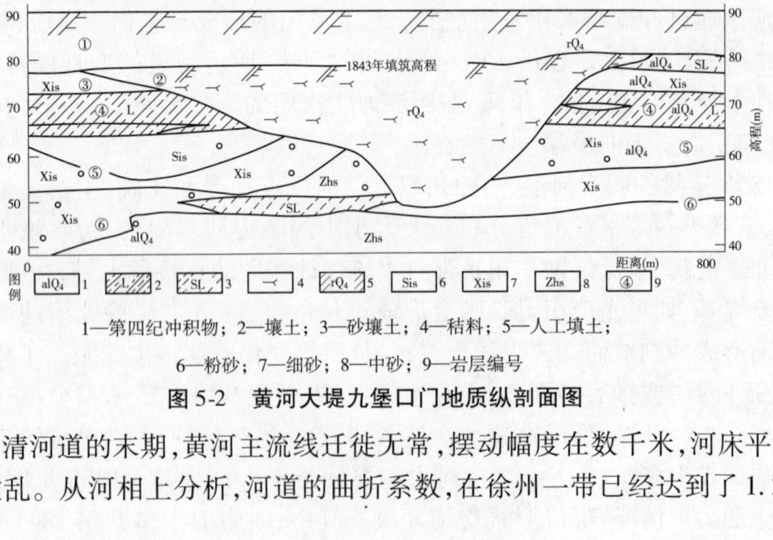

1—第四纪冲积物；2—壤土；3—砂壤土；4—秸料；5—人工填土；
6—粉砂；7—细砂；8—中砂；9—岩层编号

图 5-2　黄河大堤九堡口门地质纵剖面图

明清河道的末期,黄河主流线迁徙无常,摆动幅度在数千米,河床平面宽浅而散乱。从河相上分析,河道的曲折系数,在徐州一带已经达到了 1. 39 ~

1.42。河床的纵向稳定性取决于水流对泥沙颗粒的作用力与河底泥沙抵抗运动的力之间的对比关系，明清河道河床稳定性指标 K_1 经估算达到了 0.35 ~ 0.40，已经达到了黄河游荡性河段的标准，文献[165]根据历史文献记载，经过推断大致恢复了当时黄河河道的形态并计算了横断面河相关系参数，见图 5-3和表 5-2。根据表 5-2 提供的明清河道兰仪河段至徐州河段宽深比分析，也达到了黄河游荡性河段的标准。说明明清河道在 1855 年时在兰仪河段河型已经变成游荡不定的河流，兰仪河段宽深比($B^{1/2}/h$)最大达到了 22.3，在河南兰考铜瓦厢河床的大改道、大变迁也就成为必然。

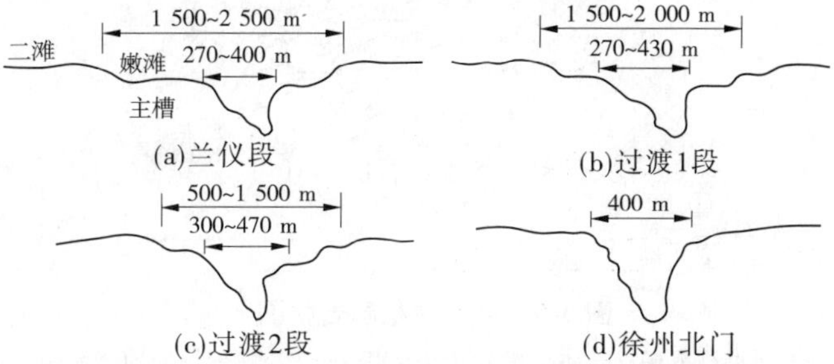

图 5-3　明清河道兰仪河段至徐州河段横断面示意图

表 5-2　明清河道兰仪河段至徐州河段宽深比

河段	兰仪河段	睢州河段	宁陵河段	商丘河段	虞城河段	徐州河段
$B^{1/2}/h$	14.4 ~ 22.3	8.2 ~ 20	10 ~ 15	7.1 ~ 10.7	4.9 ~ 9.3	3.1

另外，河流地质作用形成的古冲积扇，对 1855 年铜瓦厢的河床大变迁也存在一定的影响。自从地质历史上黄河逾越三门湖进入华北地区以后，结束了本区浅湖广布的地质景观，黄河开始在华北平原泛滥，开始了古冲积扇的发育，黄河古冲积扇西起河南孟津、北沿太行山山麓、西至淮河上游、东到南四湖地区，南北长约 410 km，东西宽约 400 km，面积广大，为华北平原山前最大的冲积扇。全新世时期的黄河冲积扇在兰考东坝头一带形成了冲积扇前缘，高程上明显表现出西部高于东部、东南部，地形上向东和东南倾斜(见图 5-4)。一些专家通过下游决溢时空分布研究，发现明清河道在 1566 ~ 1855 年这一时段内，兰考至曹县之间，是黄河决溢的主要集中带之一。从地貌上看，铜瓦厢位于黄河冲积扇前缘，冲积扇上的水流自西向东快速流下，在铜瓦厢附近转向东南，水流动力条件决定铜瓦厢一带滩地、堤基岩土性质为砂性土，黏土颗粒

很少落淤。砂性土对水流几乎没有抗冲能力,在上游水流冲刷和下游"构造节点"造成的水势游荡作用下,位于河流北岸的铜瓦厢决口便成为史实。

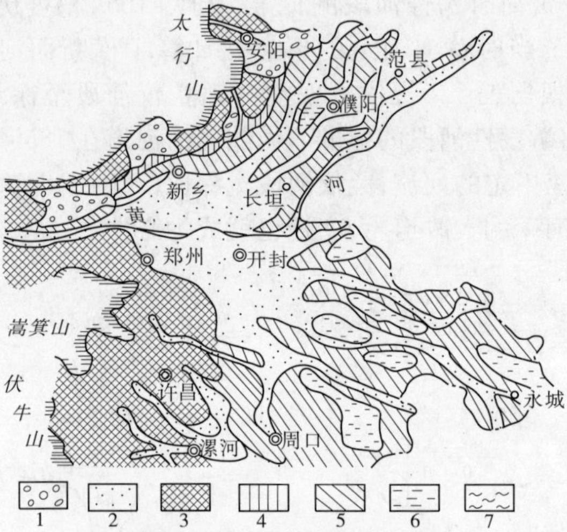

图 5-4 黄河冲积扇岩相图

1—冲积洪积扇相;2—冲积相与河道带相;3—剥蚀区;4—扇前洼地相;5—河道间相;6—河间洼地相;7—沼泽洼地相

5.4 内动力地质作用对黄河下游河床变迁的效应

新构造运动是最常见的内动力地质作用形式之一,对黄河下游河床变迁有直接的影响。新构造运动,特别是新构造差异性运动对河床变迁的影响效应主要体现在控制河流走向、控制河相、影响河势、影响河流沉积、诱发河床变迁的地点、主导河床变迁的范围等方面,是黄河下游河床变迁的基因,对黄河下游河床的变迁起着诱导和控制性作用。

5.4.1 黄河下游地区区域构造地质背景

黄河出洛阳峡谷以后进入华北大平原,即黄淮海平原,历史上黄河下游河道不论北流还是南流,均穿行于华北平原。根据已有的研究(李风林,1978),华北平原的地质构造可概括为,华北平原在地质构造上属于华北拗陷盆地,它是由一系列次级断块隆起和拗陷所组成的,经新生代演变而成,大体以现今黄河流向为界,分成南北两个构造单元:北部渤海盆地和南部周口盆地。渤海盆地自北向南主要由冀中拗陷、沧州隆起、黄骅拗陷、埕宁隆起、济阳拗陷及临清拗陷、内黄隆起、济源拗陷、开封拗陷、开封以东又沿黄河至濮阳一带划出东濮拗陷、太康隆起、周口拗陷等,渤海盆地四周以深断裂或大断裂为界。新生代以来,这些断裂均转化为正断层或张剪性断层,且下降盘均位于盆地一侧。这样,盆地总体活动方式是下沉的,但不同时期活动方式不尽一致,使得各个发展阶段、不同构造部位下沉与隆升幅度和强度并不完全一致,且垂直差异活动十分明显。在中部的东西两侧,各隐伏一条呈 NNE 向展布的相对抬升带:两侧为沧(州)内(黄)断隆带,东侧为海(兴)菏(泽)断隆带。在两断隆带之间及东西两侧,为由若干拗陷组成的强烈沉降带,自西向东分别为饶阳拗陷、黄骅拗陷、济阳拗陷,呈 NNE 向展布,其中均分别发育有次一级的相对抬升的隆起和强烈下沉的拗陷相间排列,如开封拗陷、兰考隆起、东濮拗陷等。南部为周口盆地,主要由鲁西中隆起、鲁东隆起、济宁—城武断陷、徐淮断陷折束、鲁苏隆起、苏北拗陷等组成。南部黄淮地带为相对抬升的断裂块体,断块边缘多被断裂切割,中新生代的断块构造运动产生了一系列的隆起与拗陷相间分布。见图 5-5。

黄河下游广大地区被第四纪松散堆积物所覆盖,绝大多数断裂隐伏于第四纪松散堆积物之下,断裂的性质多和基底构造相一致,基底构造对新构造的生成与发育具有重要影响。宏观上,黄河下游广大地区存在着多组线性构造,即以 NE 向、NNE 向、NW 向和 NWW 向的线性构造构成了华北大平原的断裂分布格局。活动较强的断裂主要有郑汴断裂、新乡—商丘断裂、聊城—兰考断裂带及沂沭断裂带,它们都错断下更新统,局部可影响到上更新统,第四纪以来均有活动迹象。这些断裂不仅是大地构造单元的边界,控制第四系的沉积及现代地貌的发育,而且是各级地震的发震构造,沿断裂形成明显的地震集中带,聊城—兰考断裂带、沂沭断裂带曾发生过多次地震。黄河下游地区主要断裂见表 5-3、图 5-6。

构造运动表现方式有活动断裂、差异升降、地震等,它们是影响黄河下游河道演变的重要因素之一。华北平原内部发育有许多活动断裂,主要为 NNE 向、NE 向、NWW 向和 NW 向四组。中生代以来,受西太平洋板块俯冲影响,华北平原周边深大断裂处于活动状态,NWW 向与 NE 向派生断裂亦多继续活动。平原内普遍覆盖有 1 000 ~ 3 000 m 厚的新生代沉积物。第四纪时期,平原继续沉积,其中北部拗陷沉积幅度较大,南部拗陷沉积幅度较小。据国家地震局 20 世纪 50 ~ 80 年代地形资料,北部渤海盆地,总趋势是下沉的, 但拗陷

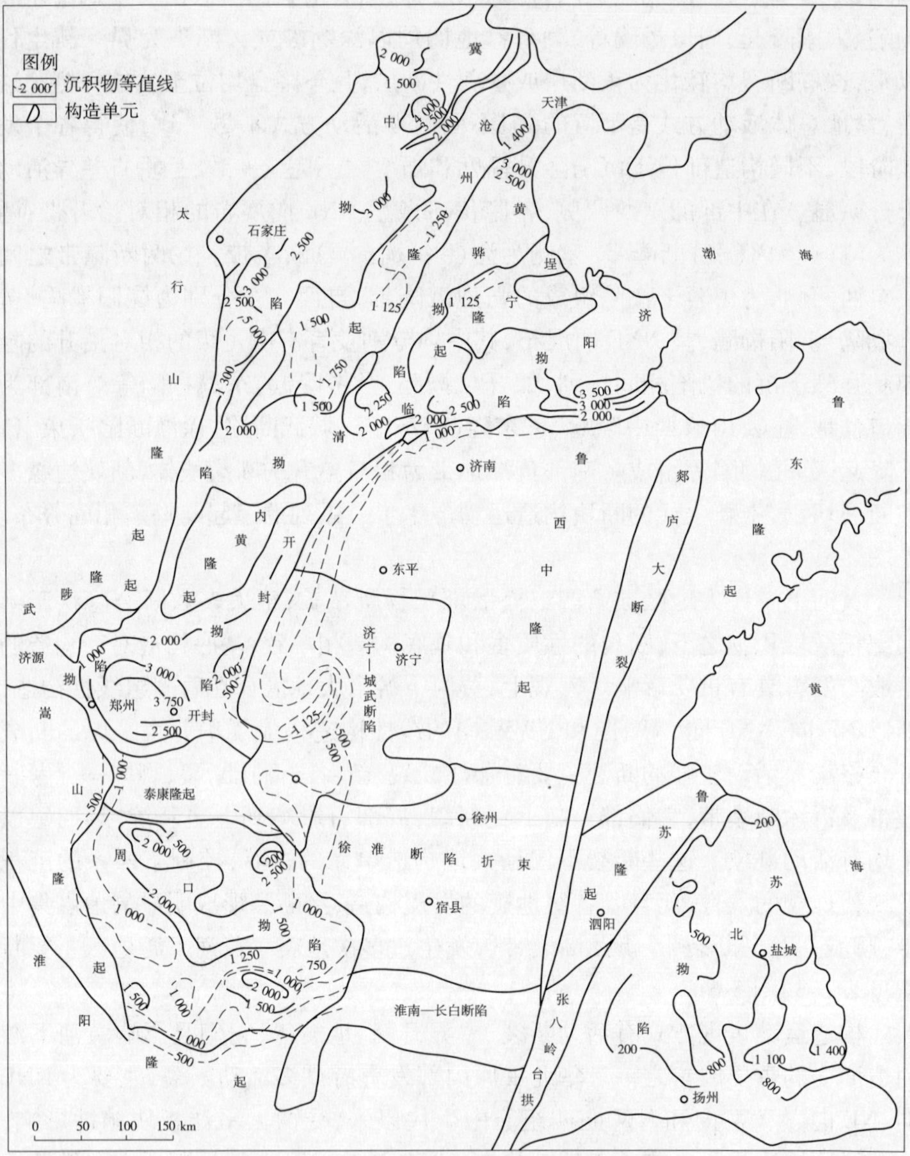

图 5-5　黄河下游地区地质构造示意图

表 5-3　黄河下游地区主要断裂

断裂名称	分布及规模	走向（°）	倾向	倾角（°）	活动性
五指岭断裂	南起河南新密，向北过黄河进济源，全长约 105 km	310	NE		1973 年发生偃师地震
盘谷寺断裂	位于太行山南麓，经过新乡、焦作，长约 160 km	近东西	S	60～70	
青羊口断裂	经过新乡一带北延，全长 100 km 以上	15～25	SE	高角度	1967 年、1978 年发生地震
原阳东断裂	经过原阳一带北延，全长 30 km 以上	近南北	W		
白壁集—祺门镇断裂	河北、河南两省，在安阳白营一带进入河南，全长 100 km 以上	15～25	NW	高角度	
封丘—商丘断裂	西起延津，经封丘、兰考，过商丘，经夏邑，进入安徽，全长约 250 km 以上	300	SW		多期活动、新生代仍在活动
长垣断裂	由山东西行，进入河南长垣、封丘，全长 120 km 以上	40	SE	30～55	控制东濮和黄河地堑的西界
黄河断裂	位于长垣、聊考断裂之间，全长 120 km 以上	NNE			濮城 1502 年发生地震
聊考断裂	由山东聊城进入河南，经范县、兰考一线，全长 260 km 以上	23～32	NW	40～70	1937 年菏泽地震，1983 年菏泽地震
凫山断裂	经山东曹县一带，全长 172 km 以上	83	SE	70	
菏泽断裂	位于山东菏泽一带，全长 120 km 以上	近东西	S		具有活动性

续表 5-3

断裂名称	分布及规模	走向(°)	倾向	倾角(°)	活动性
郓城断裂	经过山东郓城一带,全长200 km以上	近东西	N		
汶泗断裂	经过山东曹县一带,全长162 km以上	近东西	S		
曹县断裂	由山东阳谷、曹县进入河南,全长190 km以上	350	NE		
巨野断裂	沿山东聊城、巨野一线进入河南,全长215 km	355	SW		
肥城断裂	西起肥城,东至张夏,长80 km				
齐河广饶断裂	位于山东旧城、济阳一带,全长230 km				
陈南断裂	西起沾化、经明集、到垦利入渤海,全长100 km				下游控制性断裂之一
沂沭(郯城—庐江)断裂	南起郯城,北入渤海,如辽宁沈阳、开原一带,是我国大型跨区域性断裂,全长2 400 km	15~25		60~85	活动性发震断裂
郑州断裂	穿越郑州市内,长约40 km	北西	NE	65~75	1974年发生地震

与隆起垂直形变存在一定的差异,拗陷一般沉降速率为1~3 mm/年,开封、济阳、黄骅、饶阳等拗陷沉降速率为5 mm/年,成为沉降中心;断隆带上升速率一般为0~2 mm/年,唯有海兴、菏泽等上升速率达3~4 mm/年。另外,南部黄淮断块以上升为主,特别是隆起,上升速率3 mm/年左右,拗陷呈下降趋势,下降速率约为12 mm/年。

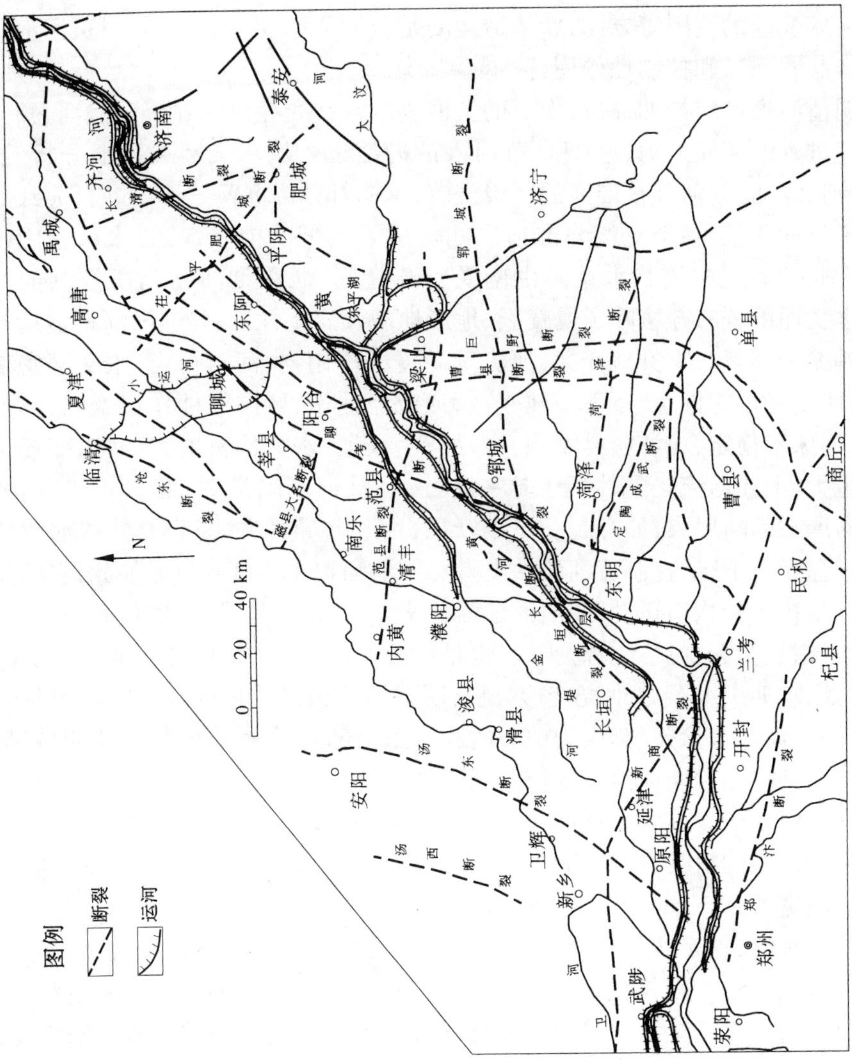

图5-6　黄河下游地区断裂分布示意图

5.4.2 内动力地质作用对黄河下游河床变迁的效应

新构造运动,特别是新构造差异性运动对河床变迁的影响效应主要体现在控制河流走向、控制河相、影响河势、影响河流沉积、诱发河床变迁的地点、主导河床变迁的范围等方面,新构造运动是黄河河床变迁的基因,对黄河河床的变迁起着诱导和控制性作用。

明清河道形成初期,决口南下的黄河洪水常常袭夺浍河、睢河、涡河、颍河等河流进入淮河而入海,它们是黄河入淮的泛道。从水文网关系上分析,浍河、睢河、涡河、颍河都是淮河的一级支流,走向都是沿 NW—SW 方向,大致相互成平行的关系,各个支流与淮河之间构成了典型的梳状水系,水系密度很大,见图 5-7。这些梳状水系是由南受鲁苏隆起、北受淮河断陷所控制的结果。水文网的分布疏密除了受气候、地形地貌及岩土性质影响外,新构造运动的影响尤为显著。上升地壳区,河流垂向侵蚀作用强,河道稳定,水文网密度小,河床变迁可能性也小;下降地壳区,河流流速慢,侧向侵蚀作用增强,河道宽浅,河床不稳定,泥沙容易淤积,容易产生汊河,水文网密度大,河床变迁可能性也大,上述河流正是体现了这一特征,在淮河断陷带中,分布着 SE 向或 SEE 向展布的断层束,如开封—阜阳断层,由于差异性升降运动,使得河流所在的一盘相对下降,控制着河流的发育。明清河道主流其实也是如此,它的流路同样受控于新构造运动,明清河道沿河南兰考、山东曹县、过安徽砀山、走江苏徐州、宿迁至云梯关入黄海一线,也是沿着 NWW 向的沉降带泄流的。文献[169]指出,近几年经过地壳变形分析,明清河道经过的地区及其附近正是河南商丘北部、江苏徐州、泗洪为中心的我国东南部的三大沉降带,这说明,正是新构造运动控制着明清河道的流路和走向。

从黄河河床发生大变迁的历史来看,禹王故道,稳定行河达 1 500 年,黄河主流经河南的滑县、内黄、冠县、河北临清、山东德州一线。残留在地面的古河道一般宽 5 ~ 15 km,沙带高出两侧平原 1.5 ~ 3.5 m,成为河北平原与鲁北平原的分水岭,也是西部海河流域与东部黄河水系的分水岭,受其控制,随后的黄河只在其东南范围内变迁、改道。西汉故道,公元前 602 年河决宿胥口,滑县以下河道东迁至河南濮阳西、内黄东、大名东,经过泥沙淤积和堤防建设,河床渐高出两岸平原,形成地上河。如由宁津、乐陵到庆云一线的古河道高地高出两侧平原 3 ~ 5 m。左大堤在新乡县一带尚有残留,堤基 30 m,顶宽 6 m;右大堤在濮阳西南一带有残留,基宽 28 m,高出背河 5 ~ 6 m。计至西汉末,此河道行河 613 年。东汉及唐代故道,公元 11 年河决大名东,河道东迁,从其残

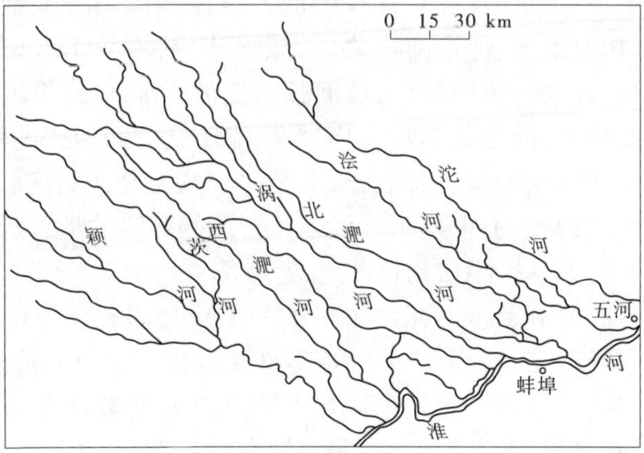

图 5-7 明清河道形成初期浍河、睢河、涡河河流关系示意图

留在现今地面的古河道沙质高地看，黄河经莘县、聊城、东阿、禹城、商河、惠民、滨州到利津以东入海，建造了以滨州为顶点的三角洲体系。此河历东汉、隋唐、五代行河 900 余年。宋代北流及二股河故道，1048 年黄河从商胡决口北徙，黄河从濮阳北经河北清丰、南乐、大名、馆陶、枣强、衡水由天津附近入海，宋代称为北流。1060 年在魏郡向东分出一道支河，经乐陵、无棣入海，名二股河，宋代称为东流。至 1099 年东流断绝，又回北流。此河道为人为决河改道。明清故道，1128 年黄河在滑县李固渡决河南泛，夺淮入黄海，这是黄河历史上一次重大的南流改道。明清河道行经郑州、开封、兰考、商丘、徐州、淮阴到大淤尖汇入黄海，为典型的“地上悬河”，全长 700 多 km，两岸大堤保留较好，商丘县段堤顶宽 9 m，临河高 3 m，背河高 11. 1 m，堤身多有洞穴、细沟。此河道行河 700 多年。从黄河将近 2 600 年变迁史来看，黄河下游上段(河南段)流向主要为近东西向，河南以下河段则绕过鲁西隆起不是北东流就是东南流。据统计，黄河东北流入渤海的时间为 1859 年，占统计时间的 71. 6%；黄河东南流经淮河入黄海的时间为 736 年，占统计时间的 28. 4%。河道总体由北向南迁徙，呈顺时针方向，即由北流入渤海逐步转为南流经淮河入黄海，但改道的起点却逐步上移。尽管这种现象主要是由于河道淤积的结果，但控制这一规律的却是黄河下游地区新构造运动所形成的断层、地堑、拗陷的影响。总的来说，华北平原虽然为下沉性盆地，但是基底却是隐伏一系列的呈北东向展布的活动性隆起与断陷。所说禹王河道，系沿天津隆起东缘北流而入渤海，因受隆起抬升的影响，迫使河道向东迁移，故南宋之前的古河道，频繁改

道于黄河断陷中，由于黄河泛滥，其挟带的大量泥沙倾泻于盆地的北部，使地势增高，而南部相对低洼，加之南宋之际，战祸连年，河防不力，黄河决口河床变迁而夺淮入海，元、明、清诸朝代，黄河频繁迁徙于淮河断陷中。在盆地东南部隐伏隆升的影响下，河道又不断北移，最后终于又复归原来的断陷盆地再次进入向东流动变迁而入渤海。总之，从人类关于黄河变迁的记载来看，黄河下游改道迁徙的范围，基本上未超越近代强烈下沉的断陷盆地，故其改道迁徙的控制基因主要为盆地基底隐伏构造的继续活动。

地质构造形成的节点是铜瓦厢决口的一个重要因素。所谓构造节点，是指由于构造作用或地壳变形形成的河道宽度陡变带。它对河势的演变有较大影响，河工称之为"河脖"。现代黄河出现"河脖"的地带往往是险工、险点地段，每当河水平滩时，常常出现险情，是黄河防洪抢险的重点地段。从地质构造上分析，"河脖"的地带常发育在从上游到下游由沉降到隆升的游荡性河段中，处于地壳相对上升区，往往是相对上升的裂点，且多在断裂构造带上。节点处河水上壅，水流游荡，从而会使距节点处最近、相对下降速率最大地段河势不稳，引发决口改道、河床变迁。从构造位置上看，铜瓦厢处于东明拗陷和开封拗陷过渡带的兰考隆起附近，改道之前，黄河流经兰考时在南北庄堤段越过兰考隆起最强烈上升区，形成黄河花园口至东坝头强烈的游荡性河段，南北庄地段在铜瓦厢改道前，南堤在彩楼，北堤在崔庄，两地相距约 3 km，河道位置固定在北距崔庄 500 m、南距彩楼 1 500 m 的中间 1 km 内，形成典型的构造节点。构造节点的发育是促成铜瓦厢决口的一个重要因素。

活动断裂是新构造运动的另一种表现形式，活动断裂对决口改道、河床变迁具有促进突变的作用。从黄河下游河道变迁史可以看出，隐伏活动断裂可控导黄河河道的具体走向、沉积边界。横切河道的断裂或断裂交叉点控导历史上的重要决溢点，横切河道断裂的差异运动或水平运动可使河床壅水，破坏大堤稳定。历史记载中，也有地震引起黄河大堤破坏甚至决溢的实例。"伏念大河之北，自戊申（熙宁元年）地大震，水大溢，民大失职，离乡内徙，空虚塞下"（宋，刘挚，忠肃集，《论备契凡奏》卷六）；"旧有高庙记，自熙宁改元，地震，继大水，民惧建祠有以也。"（清，陈洪书，《望都县志》卷二，顺治九年编修夏敷九撰《重修五岳碑记》），从这些史志资料中可以推测出，1068 年河北的河间—沧县的强震引起了黄河的决溢。1668 年 7 月 25 日（清康熙七年）山东莒县发生 8.5 级地震，造成黄河河道发生决口，洪水直泻清河县，"城垣尽圮"，郯城"残屋剩椽荡然无存"。黄河下游隐伏活动断裂发育，与铜瓦厢改道关系密切的活动大断裂带为聊城—兰考断裂带和新乡—商丘断裂带。其中新乡—

商丘断裂带经过河南焦作、新乡、商丘一线，全长大于250 km。地球物理测试特征显示，在河南兰考一带存在重力梯度陡变带，具多期活动特点，新生代仍然活动，聊城—兰考断裂带的活动在新构造运动时期有加强趋势，曾多次发生地震。聊城—兰考断裂带由长垣、聊考断裂等组成，在重力、航磁、人工地震和卫星影像上均有显示，尤其在布格异常图上显示为密集的重力梯度条带，梯度值为0.04～0.08 mm/(s^2·km)。断裂带深部地壳结构复杂，次一级断裂排列方式显示右旋滑动的特征。具有倾角上陡下缓、地表落差小、深部落差大的特点，断距在平面上具不均一性。聊城—兰考断裂走向NEE，是鲁西断块隆起、华北断拗的分界断裂，东濮拗陷紧临断裂的西侧，拗陷中的沉积及构造格局直接受该断裂控制，该断裂在三叠纪可能已经存在，侏罗纪—早第三纪强烈活动，晚第四纪有继承性活动，有史以来，沿聊城—兰考断裂多次发生地震，1502～1948年发生5级以上地震多达5次，1937年在菏泽发生7级破坏性地震，1983年发生5.9级地震，聊考断裂在现代仍然具有较强的活动性。从构造位置上看，铜瓦厢恰好处于NE向聊考断裂带与NWW向新乡—商丘断裂带的交会带上，活动断裂尤其是NWW向的活动断裂为压剪性，不仅发生垂直错落，且还有水平位移，对决口起到了促进作用。

需要说明的是，黄河1855年改道后的新流路，即现黄河的流路同样受到断裂控制。沿现黄河的东北流路方向，自1855年改道处的兰考向东北经山东东明、东阿、济南一带，分布着NNE向的聊考活动断裂。黄河断裂顺着河南濮阳的文留至长垣的恼里沿近东西向展布，全长100多km，与1502年濮城6.5级地震有关；巨野断裂北起聊城南，经巨野进入河南，全长215 km，断层北段走向近NNE向，中部近SN向，总体呈S向，断层倾向SW，倾角85°左右，为活动性正断层，见图5-8。它们导控着新黄河决口改道后的流动方向，黄河新河床基本沿着三大断裂的断裂沉降带展布。新黄河的河床经过山东东阿、济南以后，又受到齐河—广饶断裂导控。齐河—广饶断裂沿山东齐河—广饶一带延伸，近EW向发育，断层呈向北弯曲的弧形，倾角60°，为压扭性断层，断层错断第四纪地层，断层附近曾发生5.5级地震。齐河—广饶断裂也导控着新黄河决口改道后下部河段的流动方向，见图5-8。

现黄河的入海河口段同样受到断裂控制，新黄河河口段及其邻近河流由于受到NNE向、NEE向断裂控制，除黄河本身呈NNE向、NEE向外，附近的徒骇河、马颊河、小清河等也受到同一方向构造线的控制与该段黄河平行发育，即现黄河在进入渤海的河口地段的水系出现了相互平行的受构造线制约的平行状水系关系，见图5-9。

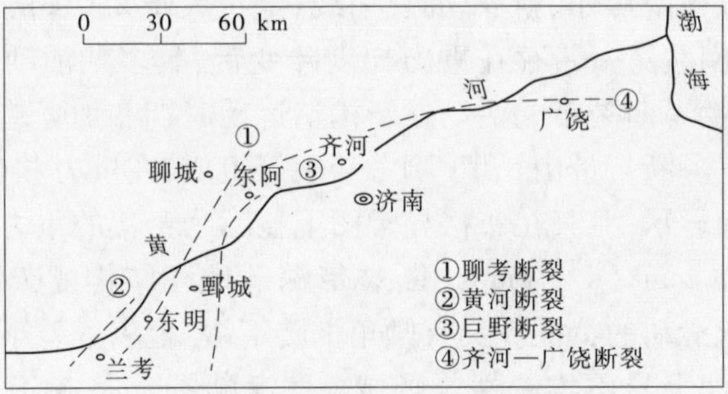

图 5-8 山东境内黄河走向与地质构造关系示意图

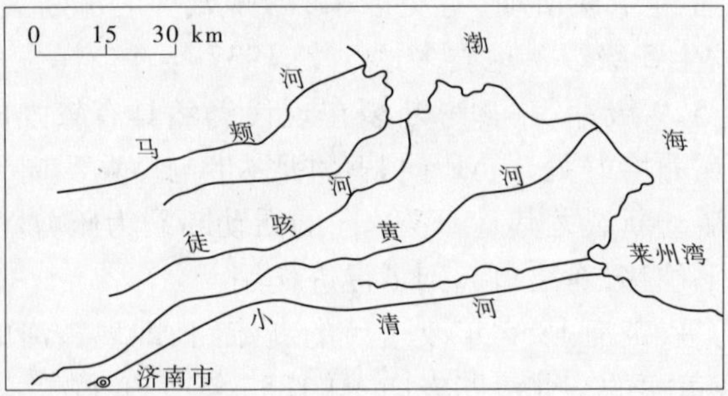

图 5-9 现黄河入海的河口地段水系分布示意图

新构造运动对河势也具有一定的影响。新构造运动对河势影响表现在:①区域构造运动造成了原始地形的起伏和地面坡降的差异,从而导致河道比降、水流挟沙能力、调整程度等因素的不同。②构造运动性质的差异导致沉积的差异,而沉积物的特性和厚薄又对河势变化产生影响。明清故道东坝头到清口河道坡降为0.1‰,清口以下平均为0.065‰。砀山以上河段处于现代沉降中心开封拗陷中,淤积强烈,堤距7~15 km,滩面宽阔平坦,顺堤串沟、堤河广布,河床宽浅散乱,河势易变,呈游荡性;徐州以下河段,受徐州隆起影响,河道比降变小,堤距宽1~2 km,呈现出多弯外形,曲折系数为1.39~1.42,河势南北顶冲,险工林立,为弯曲型河道;砀山—徐州处于地壳下降区向上升区的过渡带,堤距宽2~4 km,为过渡性河段,河势演变情况介于游荡性与弯曲性河段之间。这些特性表明原始地形与新构造运动特性对河势演变仍有较大作用。

黄河铜瓦厢决口改道是近代黄河变迁史中的重要事件。《黄河水利史述要》一书认为地上悬河是决口的主要原因:“兰阳以下河道的纵比降,从上到下只有万分之一点一到万分之零点七,异常平缓。河道滩面一般高出背河地面七至八米,两岸堤防,从临河看虽只有一两米高,对背河来说,却已在十米上下了。洪水期间,河水高出堤外地面十几米,很容易发生决溢。”黄河下游河床的淤积是多种因素作用的结果,其中区域构造活动对黄河明清河床的加速淤积也起到了很大的作用。区域构造活动通过河道比降、河道变化改变水沙运动条件,从而控制河道的淤积特征。近晚新世以来,黄河下游河道沉积有明显加快趋势,地壳构造运动不再是控制河道沉积空间分布的主导因素,但它仍起着不可忽视的作用。在来水来沙不变的情况下,构造下沉河段,沉积速率加大,构造上升河段,沉积速率减小。每逢高含沙洪水来临,因窄河段泄流量小,洪水排泄不畅,则宽河道被迫滞洪,于是泥沙大量落淤,造成河道严重淤积。根据历史文献记载,在道光五年(1825 年),明清河床淤积已经相当严重,“今受病之河,不在尾闾(指河口),而实在中隔,则当兼河身。朔查嘉庆十八年睢州漫口,至二十四年马营堤和兰仪(即兰考一带)又先后漫口,以致豫东西两岸河身几成平陆。豫东近来河底之高,实因流势旁泄所致,尚非海口淤垫,下游顶阻之故。”从中可以看出,明清河道在江苏境内,淤积已相当严重,粗估当时这一地带的河道比降约千分之零点七。道光二十一年至二十三年间,即 1841 ~ 1843 年,河南的开封、兰考及江苏的徐州一带黄河河床淤积也很严重,临河滩面高出堤后地面北岸达 5 ~ 10 m,南岸达 6 ~ 8 m,见表 5-4。根据文献[4,5]记载,明清故道在不决口情况下,从砀山到清口段,淤积速度由 6.7 cm/年到 12.2 cm/年,清口附近河道每年淤积 12.2 cm,尤其清口以下到八滩约 100 km 河道淤积严重,形成“中隔”。开封—兰考河段淤积亦很严重。到 1881 年黄河决口丰县的蟠龙集后,口门以下到徐州的河段已淤成平陆。由于上下游河道壅塞失治,行洪不畅,1855 年洪水盛涨之际,终于在兰考盘龙集上游北岸的铜瓦厢地带决口,酿成黄河下游河道大改道、河床大变迁的历史事实。

表 5-4 明清黄河开封—兰考—徐州河段基本特征

特征	长度(km)	堤距宽(km)	南岸临河背河高差(m)	北岸临河背河高差(m)	南岸堤高(m)	北岸堤高(m)
数 值	293	8 ~ 12	6 ~ 8	5 ~ 10	2 ~ 5.2	2 ~ 6

从以上分析可以看出：

(1)黄河下游1855年的兰考铜瓦厢河流改道、河床变迁绝不是偶然的，它与多种因素有关，从地质学的角度分析，地球的内外动力地质作用对河流发育、河床演变所表现出来的各种消极效应的影响也是不可忽略的因素，可能具体决口的地点、桩号具有偶然性，但是河道决口、河床变迁的结果从河流地质作用和新构造运动方面分析却有其必然性。

(2)河流地质作用是外动力地质作用的一种形式，它对黄河下游河床变迁的影响效应主要表现在水流的侵蚀作用、水流挟带泥沙的沉积作用，而在河床演变、变迁过程中，这两个方面密切联系在一起共同对河床的演变、变迁发生直接的作用，这种直接的作用效果——积极性的或消极性的，则取决于来水来沙条件及其组合，其效应直接表现在河型、河相等方面。

(3)新构造运动是最常见的内动力地质作用形式之一，对黄河下游河床变迁有直接的影响。新构造运动，特别是新构造差异性运动对河床变迁的影响效应主要体现在控制河流走向、控制河相、影响河势、影响河流沉积、诱发河床变迁的地点、主导河床变迁的范围等方面，是黄河下游河床变迁的基因，对黄河下游河床的变迁起着诱导和控制性作用。

(4)内外动力地质作用对黄河下游河床变迁的影响效应既有直接的方面(如影响河势、河型等)，又有间接的方面(如影响河床淤积等)，既有长期而缓慢的渐进式表现(如影响河流走向等)，又有突变性的表现(如地震活动等)，内外动力地质作用是黄河下游河床演变、河床变迁的重要因素。

(5)黄河下游河床变迁的因素主要有自然因素和人力因素(如战争、扒决)。自然因素主要包括来水来沙情况、河床演变所处状态及冲刷与淤积关系、悬河生存条件、堤基地质条件、堤身质量、新构造运动影响等方面。因此，在黄河河床演变研究和堤防建设中应充分考虑内外动力地质作用对黄河下游河床变迁的影响效应，遵循自然规律，维持河流健康生命。

6 黄河下游近代河床相关地质问题研究

6.1 黄河下游历史决口口门工程地质勘察方法研究

黄河是一条地上悬河，尽管有千里大堤约束，历史上仍频繁决口，仅西汉以来，黄河大堤决口多达1 500余次，多数决口口门隐伏于现今的大堤之下，是堤防的隐患。黄河大堤历史决口口门的工程地质勘察，应主要解决三大问题，即查清历史口门的位置、宽度、深度；了解堵口填筑物的工程性质；确定历史决口口门区的工程地质问题，以便为堤防防洪设计和加固处理提供工程地质依据。然而，如何采用有效的勘察方法，达到查清黄河大堤历史决口口门三大问题的目的，一直是堤防研究和勘察设计人员比较关注的问题。

6.1.1 口门位置的确定方法

口门的平面位置，一般用大堤的桩号表示，可采用以下方法对其确定：

(1)资料分析方法。资料分析方法指从收集和分析黄河大堤以往有关资料入手，初步确定口门的大致范围，以免勘探布置无的放矢。所要收集和分析的资料有史志、县志、大堤档案、堤防调查记录、历史大堤勘探及试验资料、大堤人工堆筑及淤背情况资料、黄河下游堤防资料及下游地质资料等。从历史资料可了解拟勘察堤段的决口年代、位置、洪水规模、决堤情形、填筑合龙情况等内容。然后进一步实地踏勘，访问当地老者，调查新中国成立后洪水期堤基渗水，“泉涌”、“砂沸”、“突涌”情况，并观察洪水决口造成的微地形地貌及堤身合龙纪念碑位置与碑文。通过综合分析，推理判断，初步确定口门的大致范围及钻孔布置方案。

(2)微地形地貌调查方法。黄河大堤的历史口门，按其成因可分成四类，即冲决型、溃决型、漫决型和地面古河道型。其中地面古河道型口门，不是河水冲刷决口所致，而是由于河水改道，原有的河道不再行水，后人为了约束黄河新的流路，而在原河槽上横筑了大堤，原河槽被埋于现有的大堤之下而形成的一种口门类型。例如，黄河大堤兰考南北庄堤段的口门位置，是1855年以前黄河的河槽，清咸丰五年(1855年)，黄河从兰考县西北处的铜瓦厢三堡处改道夺大清河，由山东利津入海。至今，南北庄附近仍保留着黄河铜瓦厢改道前的黄河大堤、河漫滩、黄河河槽及冲积风积沙丘，现在的大堤就堵截在这古河道上。通过对地表面至今仍残留的古河道微地形地貌的分析，追索黄河改道前的流路，古河道与现今大堤的交会处即可认为是这类口门的位置。对于其他三种口门，背河滩地常存有决口时留下的冲刷坑、深水潭、决口扇、沼泽地等微地形，也可用上述方法划分口门的范围。

(3)物探新技术探测方法。运用物探新技术对大堤历史口门的探测比较有效的方法是瞬态瑞雷面波勘探技术。其基本原理是：弹性波在传播过程中会形成一种性质特殊的波，即瑞雷面波，有时简称面波。这种波在地表有较大的能量，其波速(v_R)略小于横波速度(v_s)且与频率有关。不同的频率成分反映不同深度范围内地层特性。根据不同频率对应波速可绘制一条频散曲线。利用此频散曲线经过数值计算即可反演地层物性参数(波速 v_R、v_s，密度 ρ、层厚 h 等)，见图 6-1。

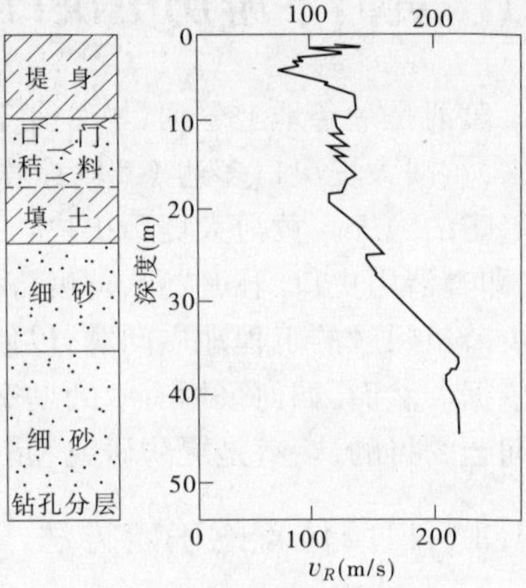

图 6-1　物探测试曲线图

表 6-1 为运用瞬态瑞雷面波物探新技术对黄河大堤九堡口门区探测后拟合反演结果。表 6-1 显示，曲线异常幅值小，拐点明显，所确定的口门分层与钻孔分层有明显的对应关系。

表 6-1　拟合反演黄河大堤九堡口门区物性参数

点号	层位	纵波速 v_R(m/s)	横波速 v_s(m/s)	容重 ρ(t/m³)	层厚度 h(m)	泊松比 μ	动剪切模量 G(MPa)	动压缩模量 E(MPa)
2号	1	300	146	1.745	8	0.34	37.2	100
	2	595	107	1.391	7	0.48	15.9	47.2
15号	1	300	129	1.571		0.39	26.1	72.5
	2	595	107	1.391	9	0.48	15.9	47.2

测试结果表明，当探测深度小于 30 m 时，频散曲线与地层弹性界面有较好的对应关系，可直接推断地层界面，根据异常幅值大小，可判断口门的位置。由于探测深度超过 30 m 后曲线异常幅值增大，影响确定口门底界面的准确

性,因而该种方法主要用于寻找大堤之下埋藏历史口门的位置。

通过上述方法的综合运用,就可以给出拟勘察堤段的口门大致位置,然后再布置钻探,重点验证,即可准确地确定口门的大堤上的起止桩号。

6.1.2　口门宽度和深度的确定方法

口门在顺堤方向上的最大宽度称为口门宽度,地面下的最大深度为口门深度,确定宽度和深度两个数据,必须先准确地确定口门的底界形态,其方法如下:

(1)钻进特征鉴别法。在大堤地质钻探过程中,通过对回次进尺、钻进难易、循回泥浆变化、取出秸料物的多少等特征的观察,可以分辨孔底是否仍在口门内。由于口门内填筑的疏松土质富含有机质,尤其是秸料层干容重一般介于1.2~1.45 t/m^3,相同时段内回次进尺常常比正常地层钻进时大,有时稍稍加压,进尺陡增。当孔底遇到淤泥质土时,在钻具自重作用下即有进尺,而当遇到堵口块石时用一般土钻钻进方法又不能奏效。历史口门内的秸料物常呈腐烂状,循回泥浆常会被污染变色,泥浆内也混入大量变质的碎屑状秸料,其成分发生明显的变化,并且泥浆耗用量会猛然增大。封丘荆隆宫堤段口门秸料层注浆试验测定的7.45 m厚的秸料层,形成稳定的浆柱时耗浆量多达65 L/min,有时甚至不加大泥浆密度就不能形成浆柱。观察随钻具取出的秸料物,是确定口门底界的重要参考标志。一般随着孔深的增加,取出的秸料物愈来愈少,表明孔深愈加接近口门底界。

(2)层位分析法。黄河下游的冲积层,分布很复杂,蛇曲带自然堤及泛滥洼地交替沉积,相互叠置,形成了不均质的地质结构。一般规律是,河槽多为砂层,上部以粉细砂为主,其上可见砂壤土,下部常有中砂及少量粗砂,颗粒均匀而磨圆度好;滩区多为黏性土与砂土的双层结构或多薄层的交互结构地层,普通堤身由黏性土组成,黏性土多为黏土及壤土,两者混杂由人工多期堆筑而成,无规律。当洪水偎堤,出现大堤决口时,河水突然宣泄冲堤而下,在堤身形成口门,并破坏原有连续的地层。因此,口门邻近区域的地质结构是口门地质单元的“构造”背景。应结合水工设计要求的勘探范围,通过在口门外围附近布置一定数量的钻孔,予以查清口门邻近区域正常地层的地质结构。

为定准口门底界,从分析研究口门邻近区域的地质结构入手,选好可比层,通过把口门区域内的岩心与口门外相同高程且稳定分布的某一正常地层的对比分析,确定出口门的底界。可比层应具备以下特征:①层位分布具有一定的区域范围,起码在口门邻近地区稳定或无大变;②可比层厚度变化不大或在远离口门区呈渐变趋势;③可比层主体岩性变化不大,最多在黏性土内变化一个类别;④可比层最好具有一种固定的识别标志,如较为稳定的颜色、含有钙质结核等。

图 5-2 中第④层即可作为可比层,其层位分布稳定,厚度 10 m 左右,岩性以棕褐色壤土为主夹有透镜体状的黏土或砂壤土,并含有钙质结核。

需要说明的是,可比层可以不限于一层,而且可比层越多,确定口门底界越容易,由此确定出的口门底界其误差也越小。

以上两种方法的配合使用,能够比较准确地定出口门的底界形态,并确定口门的宽度和深度。再根据口门的形态,有针对性地布置一定数量的临背河钻孔,即可查清口门秸料层在垂直大堤方向上的长度,以分析秸料、块石、孔洞是否存在集中渗漏的可能性。

6. 1. 3 口门填筑物的工程性质研究方法

口门填筑物的工程性质研究方法主要有钻探取样、室内外试验和工程地质分析评价三个方面。

钻探取样分为采取原状样和散状样,口门取样与一般堤段钻探取样不同的是,它是在回次进尺 0. 5 m 的前提下,原状样与散状样连续采取,以鉴定口门填筑物的种类、埋深、变化情况等内容,并通过试验确定其物理力学性质及渗透性能。

对口门填筑物工程性质的确定主要通过现场原位试验、现场土工试验和室内土工试验来完成。现场原位试验除了进行动力触探(包括标贯试验)、静力触探、十字板剪切试验、$\gamma-\gamma$ 测井试验及波速测试外,还应开展抽水、注水或注浆试验,以确定口门填筑物的渗透性能。另外,为了给大堤加固提供多种方案,还应开展灌浆试验等专题性研究试验。现场土工试验包括大型直剪试验、载荷试验、堆筑试验、碾压试验等。口门填筑物的室内试验除了用以测定其物理、力学性质的常规试验项目外,还应进行有机质含量、渗透变形、三轴、动三轴等试验。对试验项目应注意结合口门填筑物的具体情况有针对性地进行选择。

黄河堤防口门内的物质一般由秸料物、石块及混杂土组成,是前人堵填口门人工堆筑而成的。秸料物一般常见为麦秸、荆条、树枝、麻绳等,它们大多呈腐烂状与石块和混杂土夹杂在一起,无规律地堆筑于口门内。口门内堆筑物具有成分混杂、空隙大、结构疏松、有机质含量高、强度低、极易产生压缩变形和渗透变形等特点,表 6-2 为黄河大堤典型口门填筑物情况统计表。

表 6-2　黄河大堤典型口门填筑物情况统计表

地名	口门桩号及宽度（m）	决口时间（年-月-日）	口门填筑物	漏浆及灌浆情况
封丘荆隆宫	160+200～161+450 1 250	1489 1492 1587 1631 1650	口门填料主要为麦秸、玉米秆，含少量荆条、小木块及树枝，已腐烂成黑色，混杂大量粉细砂及壤土团，最大冲刷深度为20～23 m	堤身秸料层中孔洞漏浆量：T32 孔 50 min 漏浆 345 L，T24 孔 40 min 漏浆 2 472 L，T25 孔 50 min 漏浆 1 890 L
中牟九堡	47+412～48+850 1 438	1843	上部为灰黄色、灰色砂壤土、粉细砂，含少量秸料；下部以灰色砂壤土为主，局部有细砂、粉砂，含较多的高粱秆、秸料、块石、树枝等。其中秸料都呈半腐烂状，木桩、树枝比较新鲜。最大厚度为36 m。壤土、砂壤土的干容重为1.21～1.54 g/cm^3，孔洞处贯入击数为0.8～2击	48+090 口门处，背河堤脚渗水，渗水量为2.1 L/min，堤身出现5～10 mm宽的裂缝，钻探时有5个钻孔严重漏浆
东明高村	203+450～204+270 820 202+820～203+150 330	1878-10 1880-09 1921-07	秸料主要为高粱秆、玉米秆，有少量树枝、木桩、麻绳。夹黏土、壤土及砂壤土。秸料在地下水位以下的都已腐烂，地下水位以上为半腐烂状态。合龙口处厚4.7 m，6个灌浆孔的秸料总厚40.43 m，最小干容重为1.18 g/cm^3，含水量为41.8%，冲刷深度约8 m	灌浆吃浆量36～55 L/(m·min)。总灌浆量20.84 m^3，合土料12 t/m，厚秸料层灌入土料298 kg。钻探时漏浆量50 min达1 160 L
郑州石桥	21+000～22+670 1 670	1887-08-14	填料为麦秸、谷草、麻绳、木桩、竹缆、碎砖土料等，冲刷深度为35 m	
郑州花园口	11+520～13+030 1 460	1938-06-09	柳石、铅丝笼、块石、秸埽、木桩、木排、土料	

6.1.4 口门区主要工程地质问题的研究方法

黄河大堤历史口门区主要工程地质问题及研究方法见表6-3。

口门区地质测绘比例尺为1/500～1/2 000,并注意配以必要的地面坑槽探,其中洪水决口的微地形地貌,洪水期背河堤脚渗水、渗透变形情况,背河区水坑、水塘、民井涌水情况,溃口段、扒口分洪段、崩岸坍塌段、大堤滑移变形段等应作为地质测绘的重点内容。地质测绘的范围要包括与口门隐患险情有关的影响区。隐伏历史口门的大堤堤身钻探,一般钻孔孔深小于50 m,以深入相对隔水层(以渗透系数 $k<10^{-5}$ cm/s 且为黏土、壤土为判定标准)3～5 m为终孔标准,但堤身浸润线水文地质观测孔还应根据水工设计要求及含水层层位确定。钻孔应沿堤顶布置,初设阶段布孔间距可按50～200 m掌握,另外,沿垂直大堤方向还要布置钻探横剖面,钻探横剖面上,钻孔布设以能满足堤防抗滑稳定计算和渗透稳定计算为原则,其长度应包括口门区堤基和内外影响区。钻进方法有干钻、泥浆护壁、套管护壁等,要根据孔位目的、口门填筑物特点、口门区地下水位等因素选定。口门原状填筑土样或口门秸料样采用缓慢压入法和重锤少击法,取原状砂样用法国超前切割靴取砂器旋转取样和用真空活塞取砂器压入取样。一般在钻探过程中配合进行现场原位测试和现场土工试验。抗滑稳定性计算一般采用瑞典圆弧滑动法或改良圆弧法,即可满足防洪设计要求,土体抗剪强度采用有效应力强度,计算时,要注意区别正常情况和非正常情况两种工况状态,抗滑稳定安全系数均要大于1.20。沉降量计算要选择代表性剖面,计算应包括堤顶中心线处堤身和堤基的最终沉降量,计算可采用分层总和法,最终沉降量不再予以折减。对于渗流及渗透稳定计算,在计算求得渗流场内的水头、压力、坡降、渗流量等水力要素后,进行渗透稳定分析,并应选择经济合理的防渗、排渗设计方案或加固补强方案。

6.1.5 结语

黄河安危,事关重大。隐伏于黄河大堤堤身的历史口门是黄河防洪的关键部位,运用本章提出的研究方法,可以经济、有效地查明口门区各种工程地质问题,工程地质勘察质量能够满足水工设计、堤防施工、堤防管理等部门的要求,并为防洪决策提供基础性工程地质资料。

表 6-3 黄河大堤历史口门区主要工程地质问题及研究方法

<table>
<tr><th rowspan="3">工程部位</th><th rowspan="3">主要工程地质问题</th><th rowspan="3">研究的主要内容</th><th colspan="13">勘察方法</th><th rowspan="3">分析计算与评价</th></tr>
<tr><th colspan="2">地质与钻探</th><th colspan="11">试验研究</th></tr>
<tr><th>地质测绘</th><th>钻探</th><th>水位观测</th><th>静力触探</th><th>γ－γ测井</th><th>标贯试验</th><th>注浆试验</th><th>灌浆试验</th><th>跨孔试验</th><th>动三轴试验</th><th>剪切试验</th><th>压缩试验</th><th>渗透试验</th></tr>
<tr><td rowspan="2">堤身</td><td>堤身质量</td><td rowspan="2">1. 堤高及堤宽
2. 堤身物质组成(尤其口门秸料物)
3. 洞穴等隐患
4. 物理力学性质(尤其是土的干容重ρ_d)
5. 静力和动力计算的条件</td><td rowspan="2">○</td><td rowspan="2">△</td><td rowspan="2">○</td><td rowspan="2">△</td><td rowspan="2">○</td><td rowspan="2">△</td><td rowspan="2">△</td><td rowspan="2">△</td><td rowspan="2">○</td><td rowspan="2">○</td><td rowspan="2">△</td><td rowspan="2">△</td><td rowspan="2">△</td><td rowspan="2">1. 堤身土料分类
2. 物理力学试验成果分析(尤其是干容重ρ_d)
3. 静力触探成果分析
4. 口门秸料层注浆试验成果分析
5. 堤坡稳定计算
6. 堤身质量评价
7. 堤坡稳定评价</td></tr>
<tr><td>堤坡稳定</td></tr>
<tr><td rowspan="3">堤基</td><td>抗滑稳定及不均匀沉降</td><td>1. 堤基地层结构
2. 软弱薄层分布及厚度
3. 水文地质特征
4. 物理力学性质</td><td>○</td><td>△</td><td>△</td><td>○</td><td>△</td><td>△</td><td>○</td><td>○</td><td>○</td><td>○</td><td>△</td><td>△</td><td>○</td><td>1. 地层结构及软弱薄层的分析
2. 抗滑稳定分析计算及评价
3. 沉降量计算评价</td></tr>
<tr><td>渗透问题(包括集中渗漏问题)</td><td>1. 口门物质组成及秸料层性状
2. 堤基地质结构物质组成
3. 水文地质特征
4. 洪水期黄河堤基渗水泉涌砂沸突涌及民井翻水情况
5. 集中渗漏通道</td><td>△</td><td>△</td><td>△</td><td>○</td><td>△</td><td>○</td><td>○</td><td>○</td><td>○</td><td>○</td><td>○</td><td>○</td><td>△</td><td>1. 分析地质条件重点是覆盖层及透水层的分布厚度
2. 渗透试验成果分析
3. 渗透变形类型确定
4. 实际逸出坡降、临界逸出坡降、允许逸出坡降的确定
5. 渗透稳定评价
6. 集中渗漏通道存在与否的分析
7. 总结并作出结论</td></tr>
<tr><td>液化问题</td><td>1. 堤基地层岩性及地质结构
2. 口门内砂性土及其埋深
3. 水文地质条件
4. 地震烈度</td><td>△</td><td>△</td><td>△</td><td>○</td><td>△</td><td>△</td><td>○</td><td>○</td><td>△</td><td>△</td><td>○</td><td>○</td><td>○</td><td>1. 分析口门内砂性土特征
2. 分析口门附近地质条件，确定其可液化层
3. 液化评价方法：
(1) 标贯法
(2) 相对密度法
(3) 西特剪应力估算法
(4) 有效覆盖压力计算法
4. 液化问题评价</td></tr>
</table>

注：△为必做项，○为视需要而定的项目。

6.2 黄河下游历史决口口门区工程渗流控制研究

6.2.1 前言

长江、黄河是世界上闻名的河流,堤防建设是长江、黄河治理的重要内容。据统计,长江中下游堤防总长度约30 000 km,其中长江干流堤防长度约3 600 km,黄河下游仅临河堤防长度约1 315 km。包括长江、黄河的堤防在内,中国建有各类堤防达25万多km。我国的很多堤防都有着悠久的历史。众所周知,大多数堤防是建在第四纪冲、洪积平原上,堤基的地质结构复杂、岩性类型多、岩相变化大,往往会出现各种各样的堤基工程地质问题,加之古代筑堤技术的限制,堤身质量比较差,洪水来临或者洪水长时间偎堤时,常常发生决口,堤防决口后又重新堵口、填埋再次形成大堤。堤防决口的位置通常称为口门,为了区别堤防现今决口形成的口门与此前堤防决口形成的口门,通常将以前决口形成的口门称为历史口门。凡江河两岸的古老堤防中,往往埋藏着大量的历史口门。以黄河堤防为例,黄河历史上在下游决口频繁,自西汉(公元前206年)至1949年的2 155年间,决口多达1 590次,改道26次,其中,对中华民族造成灾难性的决口就多达413次,平均三年两决口、百年一改道。大堤堤身内或者堤基下的历史口门,为千里堤防的最薄弱环节,是江河堤防的最重要的险工、险点,构成了堤防的重大隐患,1958年黄河洪水和1996年黄河洪水,在黄河下游堤防10多处原有历史口门位置都出现了重大的险情,历史口门历来成为抗洪抢险、堤防加固的重点部位,因此对堤防历史口门开展渗流研究有着非常重要的意义。

6.2.2 工程及其地质概况

荆隆宫堤段位于黄河北岸河南省封丘县荆隆宫乡,北距封丘县城约10 km,与开封隔河相望。加固堤段桩号为159+300~162+300,全长3.0 km。

黄河在荆隆宫一带流向总体上由西向东,河道开阔,由于泥沙淤积,河槽逐年抬高,此段是有名的地上河。荆隆宫堤段目前堤身断面是1951年和1975年两次加高而成的。临河堤高出地面5.6~6.7 m,背河堤高出地面10~11 m,堤顶宽10 m,临河坡1∶3,背河坡1∶2.5。荆隆宫古称金龙口,根据资料记载,历史上自明代洪武三十五年(1402年)到清顺治七年(1650年),在桩号161+000~162+000的1.0 km范围内先后9次决口,形成目前堤身下的堵口秸料层。据钻孔揭露在桩号 160 + 200 ~ 161 + 450 的 1.25 km 的范围内均可遇到秸料,在垂直方向上分布在高程 60 ~ 71 m,秸料较集中。

临河滩面地势较高,特别是在滩唇,一般年份汛期河水并不上滩。1982年花园口洪峰流量 15 300 m^3/s,荆隆宫大堤堤脚水深约 1.0 m。在桩号 162 + 100 ~ 162 + 500 堤段,当时临河堤外水位约 78.0 m 时,背河堤坡下部发生滑坡,在 162 + 100 背河堤脚附近粮店院内机井向外冒水。

根据地质勘探,地层岩性由上至下划分为五大层。表层 A1 层为人工填土(包括堤身上),A2 层为老口门堵口填土,堤基 1 ~ 4 层为河流冲积黏性土及砂性土。

A1 层为堤身填筑土,主要为浅黄色壤土,含棕红色黏性土块,局部夹有砂壤土和少量粉砂。

A2 层为老口门秸料堆填土,其组成多为麦秸、玉米秆、少量荆条、大木块,混杂大量粉细砂和壤土团。

堤基 1 层又分为两个亚层,亚 1 层新近沉积土,上部为浅黄色壤土、砂壤土,下部为浅黄 - 黄灰色粉砂;亚 2 层黏性土,以褐黄 - 灰色壤土为主,夹砂壤土、粉砂透镜体及黏土薄层。堤基 2 层:黄灰 - 灰白色重壤土,黏粒含量偏高,夹有薄层黏土及砂壤土透镜体,是本堤段潜水与承压水的分界面。堤基 3 层:褐黄色细砂为主的承压含水层,其岩性自上而下分别为粉砂、细砂、中砂、局部夹黏土薄层,根据钻孔观测资料,承压水顶部水位标高 71 ~ 72 m。堤基 4 层:灰色 - 褐灰色重壤土,局部为黏土夹砂壤土透镜体。

堤段地层属双层结构,上层为黏性土层,其中地下水为孔隙潜水,下部为砂性土层,地下水为孔隙承压水,两层水之间以含钙质结核的重壤土(堤基 2 层)为相对的隔水层。

潜水埋藏于第 1 层黏性土层中,该层岩性特点是,相变大,岩性复杂,透镜体发育。含水量透水性在垂向和水平向上均存在着一定的差异,厚度一般为 18 m 左右。但因历代决口冲刷的影响,再次沉积的黏性土厚度较薄,为 8 ~ 12 m。潜水位埋深在临河为 7 ~ 9 m,背河埋深为 2 ~ 4 m,潜水量较小,且受季节性影响,水位变化较大。

承压含水层主要埋藏于堤基第 3 层砂性土中,局部夹黏土微薄层。该层上部覆盖着厚 3 ~ 9 m 的重壤土,分布稳定,是本区潜水与承压水的分界面(即堤基第 2 层)。但在桩号 160 + 450 的范围,堤基第 2 层被决口冲刷切割,后期冲积形成的粉细砂堆积层,使承压含水层厚度骤然加大,口门影响范围的顶板标高为 65 ~ 73 m,含水层厚度一般为 18 m,口门处厚度可达 23 m 左右。

6.2.3 堤基渗流稳定分析

6.2.3.1 渗流分析断面的选定

渗流分析选定了堤段内六个断面,即桩号 159 + 800、160 + 200、161 + 000、161 + 450、161 + 870、162 + 250,这些断面包括了堤段内不同的地层类型,即:临、背河均为壤土和砂壤土所覆盖;背河一侧为黏土所覆盖;背河透水层被堵塞,堤身下为历史口门秸料层。

6.2.3.2 计算方法

渗流计算采用等效长度法(简称公式法)和有限元法。等效长度法中除 159 + 800 采用密西西比河背河有堵塞情况计算外,其余五个断面均用卡明斯基公式计算。有限元法采用二维渗流计算程序进行计算。

1)等效长度法

等效长度法均需将透水层和临、背河半透水层概化为均匀等厚的土层,同时假定通过表层的渗流方向是垂直的,下卧透水层的渗流方向是水平的。实际中常用两种计算方法:计算方法 1 也称密西西比河公式,它适用于临、背河半透水层长为任意值,适用范围较广;计算方法 2 也称卡明斯基公式,它适用于临、背河半透水层均为无限长的情况。

(1)密西西比河公式法。双层结构地基,背河含水层被弱透水的土层截断时(即有堵塞时)可用密西西比河公式计算,见式(6-1)~式(6-4)和图 6-2。

$$c_1 = \sqrt{\frac{k_1}{k_2 D_1 D_2}} \qquad X_1 = \frac{\mathrm{th}(c_1 L_1)}{c_1} \tag{6-1}$$

$$c_3 = \sqrt{\frac{k_3}{k_4 D_3 D_4}} \qquad X_3 = \frac{1}{c_3 \mathrm{th}(c_3 L_3)} \tag{6-2}$$

$$H_0 = H \frac{X_3}{S + X_3} \qquad S = X_1 + L_2 \tag{6-3}$$

$$H_x = H_0 \frac{\mathrm{ch}[c_3(L_3 - X)]}{\mathrm{ch}(c_3 L_3)} \tag{6-4}$$

式中 X_1、X_3——临、背河覆盖层的不透水等效长度;

H_0——以背河水位为基准的堤脚地下水头;

H_x——以背河水位为基准的距离堤脚 X 处的承压水头;

H——以背河水位为基准的临河作用水头;

其余符号含义见计算示意简图 6-2。

(2)卡明斯基公式法。双层结构地基条件下的卡明斯基公式计算见

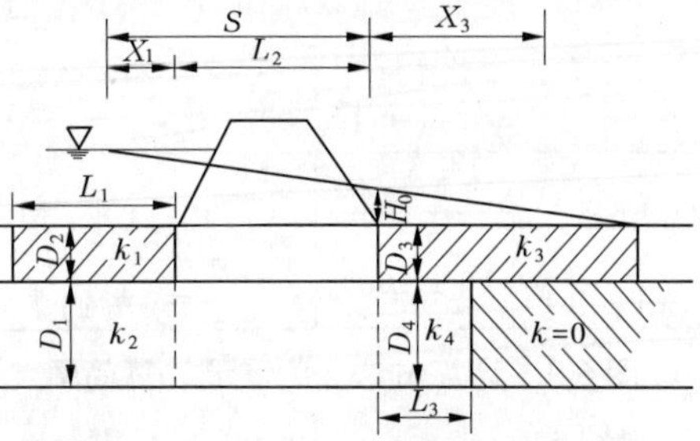

图 6-2 计算方法 1 的渗流计算简图

式(6-5)～式(6-8)和图 6-3。

$$q=\frac{H_1-H_3}{\frac{L}{k_2(\mathrm{II})H(\mathrm{II})}+\sqrt{\frac{t(\mathrm{I})}{k_1(\mathrm{I})k_2(\mathrm{I})H(\mathrm{I})}}+\sqrt{\frac{t(\mathrm{III})}{k_1(\mathrm{III})k_2(\mathrm{III})H(\mathrm{III})}}} \tag{6-5}$$

$$H_4-H_2=q\sqrt{\frac{t(\mathrm{III})}{H(\mathrm{III})k_1(\mathrm{III})k_3}} \tag{6-6}$$

$$y_0=H_4-H_2 \tag{6-7}$$

$$y=y_0\mathrm{e}^{-rx} \tag{6-8}$$

式中 H_1、H_2——临、背河水位，m；

y_0——背河堤脚承压水头，m；

H_4——背河堤脚承压水位，m；

r——与计算状况有关的系数；

其余符号含义见计算示意简图 6-3。

2)有限元法

加固段地层情况较复杂，如果用等效长度法将地层进行高度的概化不能反映渗流的实际情况，可进行渗流有限元计算，其理论基础仍为达西定律，即二向渗流在土层各向异性的情况下的渗流计算应满足式(6-9)。

$$\frac{\partial}{\partial x}(k_x\frac{\partial H}{\partial x})+\frac{\partial}{\partial z}(k_z\frac{\partial H}{\partial z})=0 \tag{6-9}$$

式中 H——水头函数；

k_x、k_z——x、z 方向的渗透系数。

临界水力坡降 J_{cr} 按照黄河下游渗透变形判别的方法采用下式计算

$$J_{cr}=(G_s-1)(1-n) \tag{6-10}$$

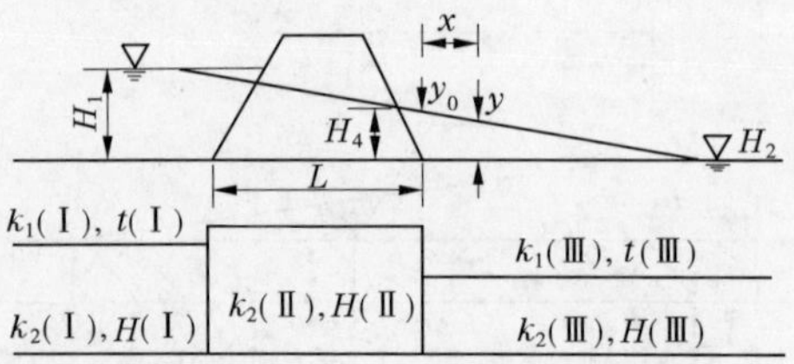

图 6-3 计算方法 2 的渗流计算简图

式中 G_s——覆盖层土粒比重；

n——覆盖层土孔隙度。

允许坡降为临界坡降除以安全系数 K。当 $K=2.0$ 时，计算覆盖层允许坡降 $J_{cr}=0.45$，参照国内重要堤防工程的取值，允许坡降采用 0.45。

6.2.4 渗流计算及成果分析

渗流计算共计算了六个断面，即桩号 159 + 800、160 + 200、161 + 000、161 + 450、161 + 870、162 + 250，桩号 159 + 800 由于粉砂层在堤后 70 m 范围内尖灭，采用密西西比河背河含水层有阻塞的公式计算，其余各断面均按卡明斯基公式计算。对于堤身下有秸料层的桩号 160 + 200、161 + 000、161 + 450 三个断面，代表性渗流计算断面见图 6-4，对于覆盖层底面以下的秸料层，按与所在同高的砂层相同的渗透系数计算，对于有两个含水层的断面，桩号 161 + 870 对上、下含水层分别进行计算，在计算中对覆盖层岩性多样的情况，对其渗透系数及厚度采用加权平均值进行计算。根据计算除桩号 161 + 000 断面背河堤脚处覆盖层平均水力坡降为 0.53，大于允许值外，其余各断面均小于允许值，详见表 6-4、表 6-5。

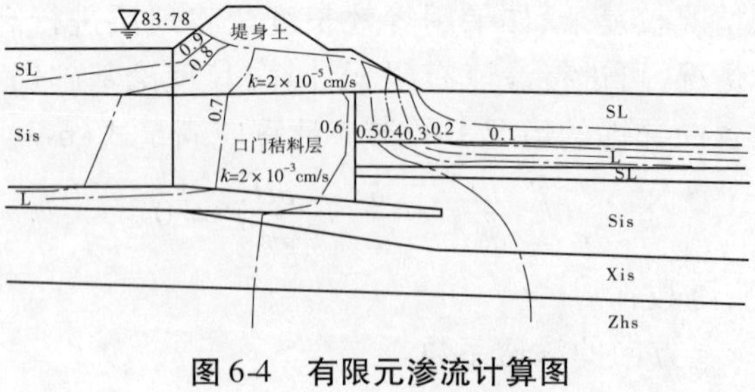

图 6-4 有限元渗流计算图

表 6-4　堤基渗流密西西比河公式法计算结果表

断面	L_1 (m)	L_2 (m)	L_3 (m)	k_1 (cm/s)	D_1 (m)	k_2 (cm/s)	D_2 (m)	k_3 (cm/s)	D_3 (m)	k_4 (cm/s)	D_4 (m)	H (m)	J_0	y_0 (m)
159 + 800	300	60	40	1×10^{-5}	13.5	2×10^{-3}	7.5	8×10^{-5}	11	2×10^{-3}	3	8.56	0.11	1.21

表 6-5　堤基渗流卡明斯基公式法计算结果表

断面	k_1(Ⅰ) (cm/s)	k_1(Ⅲ) (cm/s)	k_2(Ⅰ) (cm/s)	k_2(Ⅱ) (cm/s)	k_2(Ⅲ) (cm/s)	t(Ⅰ) (m)	t(Ⅲ) (m)	H(Ⅰ) (m)	H(Ⅱ) (m)	H(Ⅲ) (m)	J_0	y_0 (m)
159 + 800	7×10^{-6}	7×10^{-5}	3.7×10^{-3}	3.7×10^{-3}	4×10^{-3}	1.35	10	31	31	28.7	0.18	1.84
160 + 200	8×10^{-5}	8×10^{-6}	3.6×10^{-3}	3.6×10^{-3}	3×10^{-3}	9	9.5	383	385	28.9	0.53	5.04
161 + 000	2×10^{-4}	1×10^{-4}	2×10^{-3}	2×10^{-3}	3×10^{-3}	7	12	13	13	27	0.18	2.16
161 + 450	8×10^{-6}	8×10^{-5}	2×10^{-3}	2×10^{-3}	2×10^{-3}	9.5	8	4	3	3	0.18	1.4
161 + 870	1×10^{-5}	6×10^{-5}	1.1×10^{-2}	1.1×10^{-2}	1.1×10^{-2}	14.5	14.5	25	25	25	0.18	2.58
162 + 250	7×10^{-5}	7×10^{-5}	1.5×10^{-2}	1.2×10^{-2}	1.2×10^{-2}	22	14	31	31	31.9	0.3	4.2

为了进一步弄清覆盖层的不同岩性、不同厚度对渗流的影响以及复杂地基的渗流情况，进行了有限元计算。根据计算，除桩号 161 + 000 断面背河堤脚处平均水力坡降达 0.72 大于允许值外，其余各断面均小于允许值（见表 6-6）。对堤基下有秸料层的三个断面，计算中将秸料层的渗透系数加大为 30 m/d、60 m/d进行计算。计算结果表明，背河堤脚处覆盖层的平均水力坡降与按粉砂计算结果接近。

表 6-6　堤基渗流有限元法计算结果表

断面	临河覆盖层		历史口门秸料层		堤身	临河覆盖长度(m)	出逸高度(m)	平均水力坡降 J_0	出逸水力坡降 J
	岩性	k (cm/s)	岩性	k (cm/s)	k(cm/s)				
159+800	黏土	2×10^{-6}			1×10^{-4}	120	1.81	0.32	0.21
	壤土	5×10^{-5}			1×10^{-4}	120	1.82	0.44	0.24
160+200	砂壤土	2×10^{-4}	秸料层	7×10^{-2}	1×10^{-4}	100	2.05	0.72	1.97
161+000	黏土	2×10^{-6}	秸料层	7×10^{-2}	1×10^{-4}	100	0.43	0.15	0.25
	黏土	2×10^{-6}	中砂	3.5×10^{-2}	1×10^{-4}	100	0.43	0.15	0.25
161+450	黏土	2×10^{-6}	粉砂	2×10^{-3}	2×10^{-5}	128	0.89	0.09	0.08
	砂壤土	2×10^{-4}	粉砂	2×10^{-3}	2×10^{-5}	128	1.73	0.37	0.30
	砂壤土	2×10^{-4}	中砂	3.5×10^{-2}	2×10^{-5}	128	1.74	0.39	0.33
161+870	黏土	2×10^{-6}			1×10^{-4}	100	1.04	0.23	0.25
162+250	黏土	2×10^{-6}			1×10^{-4}	118	1.03	0.21	0.22
162+100	壤土	5×10^{-5}			1×10^{-4}	118	1.03	0.21	0.22
161+000	砂壤土	2×10^{-4}	秸料层	7×10^{-2}	1×10^{-4}	100			

为了了解防渗墙不同截渗长度的防渗效果，对桩号 161+000 断面进行了悬挂式(贯入度 75%)和全部截断砂层(贯入度 100%)的防渗墙计算，以及防渗墙位于临河堤脚、墙顶接防渗斜墙和不接防渗斜墙的计算，计算结果见图 6-5和图 6-6。

另外，为了研究荆隆宫粮管所井在 1982 年黄河大洪水时冒水现象，对 162+100 断面按 1982 年花园口流量 15 300 m^3/s 的相应大河水位 81.9 m 进行校核。

(1)表 6-4、表 6-5、表 6-6，无论等效长度法还是有限元法计算的六个断面的平均水力坡降、承压水头等渗流特征值在性质上是一致的，仅在数量上存在差异，用两种方法对地层渗透稳定进行判别，其结论基本相同，如六个断面两种方法计算 160+200 断面的平均水力坡降分别为 0.72 和 0.53，均不满足渗透稳定要求，而其余五个断面均满足渗透稳定要求。

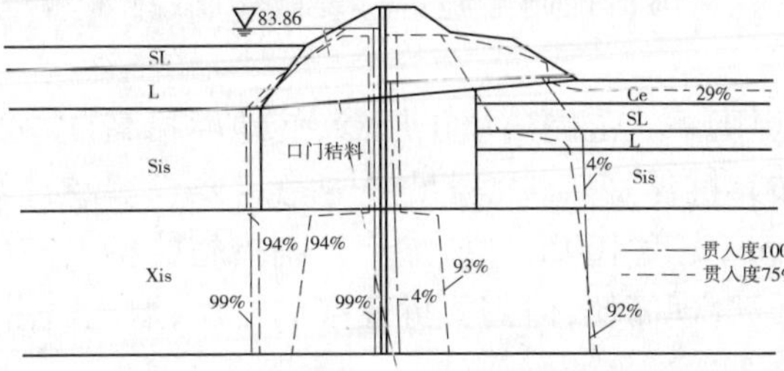

图 6-5　黄河堤防桩号 161 + 000 断面防渗墙渗流计算结果图

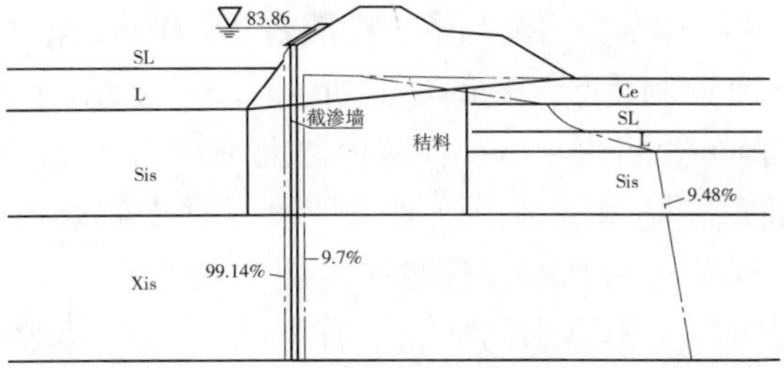

图 6-6　黄河堤防桩号 161 + 000 断面堤脚防渗斜墙接黏土斜墙渗流计算结果图

(2)桩号 162 + 100 断面,1982 年花园口站 15 300 m^3/s 流量,相应大河水位 81.9 m 时,背河堤脚处覆盖层平均水力坡降 0.21,相应剩余水头 2.6 m,水井处剩余水头高出井口 2.0 m,堤基未发生渗透变形,水井冒水是必然的(见表 6-6)。

(3)桩号 159 + 800、161 + 450 两个断面覆盖层岩性不同时对渗透平均水力坡降影响较大,临河覆盖层透水性增大,背河水力坡降亦增大;背河覆盖层透水性减小,背河平均水力坡降亦增大。

(4)桩号 160 + 200、161 + 450 两个断面秸料层渗透系数不同时,对渗透坡降影响不大,故老口门即使在较大渗透系数情况下也不致发生渗透变形。

(5)桩号 161 + 000 断面截渗墙深度不同计算结果表明,悬挂式截渗墙的效果很差,几乎没有减小水头,而完全切断透水层的堆渗墙的效果特别明显,可以削减水头 99% 以上(见图 6-6)。截渗墙位于临河堤脚,墙顶不接近防渗斜墙时,仅削减水头 20%。截渗墙墙顶接防渗斜墙时,可削减水头 90%。

6.2.5　渗流控制措施的比较和选择

根据桩号 161 + 000 断面渗透计算结果,结合地层情况,在桩号 160 + 800 ~ 161 + 180 处,堤基渗透水力坡降不满足设计要求,需进行处理。结合地形、地貌、地质情况考虑了三种渗流控制措施：盖重、截渗墙、排水减压井。

1）盖重

盖重即在背河堤脚一定范围内填土压渗，使地面抬高，以减少地基覆盖层平均水力坡降，增加其抗浮稳定性，满足渗透稳定要求。经计算当 $K=2$ 时，盖重高程为78～79 m，宽度100 m。该渗流控制措施的特点是可就地取材，施工简便，技术要求低，管理简便，但需要拆迁堤后村庄，取土需占农田。该措施造价55万元。

2）截渗墙

对截渗墙的布置进行了两种位置的比较，即将截渗墙沿现临河堤脚布置和截渗墙沿堤顶纵向布置。沿堤顶布置墙深50.0 m，经计算，可削减水头94%以上，能有效地控制渗流，该布置造价451.33万元，平均每延长米造价1.188万元；沿堤脚布置墙深45 m，若墙顶以上不设斜墙，防渗效果较差，仅削减水头20%，因而需在防渗墙顶沿临河堤坡设置黏土斜墙以增加堤基防渗效果，在此情况下可削减水头90%，但增加了施工的复杂性和一些无法估算的费用，且斜墙在堤身经常不靠水的情况下有可能产生干缩裂缝，影响其防渗效果，而且增加了施工的复杂性，且经济效益不明显，该布置造价415.36万元，优越性不大。推荐沿堤顶布置的截渗墙参加加固设计方案组合。

3）排水减压井

在桩号160+800～161+180背河堤脚外20.5 m，其余距堤脚8.5 m处平行大堤设置一排减压井，以降低背河渗压水头，使其达到允许值，经分析计算，采用贯入度75%不完整井39个，井距10 m，井深43.6 m，井径0.1 m。该渗流控制措施不需要拆迁房屋，同截渗墙方案相比较施工简单，但管理不便，需经常检查和维修，并且减压井使用到一定年限后需更换新井，该措施造价21.71万元。

上述三种措施均可达到控制渗流的目的，施工以截渗墙最复杂、减压井次之、盖重最简单，工程投资以减压井最少，减压井仅在管理上比盖重、截流墙不便。综合分析比较减压井经济效益较突出，因此荆隆宫历史口门堤段加固设计方案推荐有减压井的方案。

6.2.6 结语

堤防历史口门渗流研究应在查清工程地质条件和水文地质条件的基础上，建立合理的地质模型，通过公式解析法或者有限元法进行计算，并且可以相互验证、相互校核。加固设计诸方案分析论证时应以渗流控制措施的技术性和经济合理性为依据，选择出科学的渗控方案，达到根治堤防历史口门隐患、保证堤防安全的目的。

6.3　黄河断代工程及其研究意义

黄河是中华民族的母亲河，是中华民族的摇篮，黄河哺育了中国灿烂的古代文明。几千年来，这条桀骜不驯的大河既为中国的政治、经济和文化的发展作出过巨大的贡献，也给中华民族带来过深重灾难。20 世纪 50 年代以来，人民治黄事业取得了巨大成就，基本结束了历史上"黄河平均三年两决口、百年一改道"的悲惨局面，黄河的水利资源得到了有效的开发、利用，更好地服务了人类。但是，随着经济社会的迅速发展和黄河流域人口的急剧增加，人类向黄河的索取远远大于黄河本身的供给资源，黄河承载的压力日益增大。正如世上万物一样，河流也是有生命的，维持黄河的健康生命是我们义不容辞的责任。

维持黄河健康生命就是把河流当成生命来善待，它是新时期治理黄河的新的思想，体现了人与自然和谐相处和可持续发展的当代最先进的水利观。既然黄河是有生命的，河流同有生命的万物一样也有其生命形成、发展与演变的过程，那么研究黄河生命的形成、发展与演变的过程，无论在理论上还是在治河实践方面都有着重要的意义。

6.3.1　黄河断代工程的基本含义

6.3.1.1　历史断代工程的含义

中国历史从夏初到西周末长达近 1 300 年（夏，约公元前 2070 ~ 公元前 1600 年；商，公元前 1600 ~ 公元前 1046 年；西周，公元前 1046 年 ~ 公元前 771 年）。西周共和元年即公元前 841 年是中国历史上有确切纪年的开始，此前的西周、商、夏的纪年，只能根据现存古代文献推测出大概，这一段历史出现了断代现象。近年来，随着科学的进步，特别是考古学突飞猛进的发展以及大量新材料的面世，终于为重新认识夏商周文化提供了新的机遇。"九五"期间国家组织"夏商周断代工程"，聚集专家联合攻关。夏、商、周时期的历史文化遗址的发现及大规模发掘，为夏、商、周时期的历史及其文明发展提供了清楚的脉络，为中国属世界文明古国的论点提供了重要的材料和依据。通过对传世和出土的文献进行整理和研究，对其中的天文、历法记录进行计算推定了一些事件的年代；通过对有典型意义的考古遗址和墓葬材料进行分期研究，并做必要的发掘，取得系列样品，运用现代测试技术进行测年，将夏、商、周时期的年代学进一步科学化、量化，对商代后期盘庚以下各王和西周共和元年以前各王提出了比较准确的年代，对商代前期和夏代提出了基本年代框架，特别是对武王克商年代、武丁在位年代、夏商分界年代和夏代始年的估定具有重要创新意义，提出了迄今最有科学依据的《夏商周年表》。

根据夏商周历史断代工程，从夏代建立约公元前2070年，到西周灭亡的公元前771年，夏、商、周三个朝代延续了约1 299年的历史。据此，历史上发生的许多重大事件，如夏桀复国、成汤建商、周武王伐纣、烽火戏诸侯等重大事件都有了较为准确的年代。

6.3.1.2　黄河断代工程的基本含义

黄河是有生命的，既然如此，那么黄河生命的起始点在哪里？众所周知，黄河下游现代河道是1855年黄河铜瓦厢决口后所形成的新河道，1855年黄河铜瓦厢决口后，下游新河道由桃花峪以上禹王河河道、桃花峪至东坝头明清河道、东坝头至陶城铺古地面新冲刷出的河道，陶城铺以下大清河至渤海海口等4个不连续的河段构成，这四段河道连在一起构成了黄河现下游河道。从河流沉积学和河流演变动力学的角度来说，由于1855年黄河铜瓦厢决口，黄河河道边界条件、水流条件发生了重大改变，现代黄河河道自1855年黄河铜瓦厢决口后应该存在一个沉积新界面，那么，这个沉积新界面应该是代表了黄河现代生命的新的起始点，它反映在现代黄河河道剖面上应该在什么部位？对沉积新界面前后的河床物质的研究可以获得哪些治河启示？

在黄河整个生命形成的漫长过程中，发生过很多重大事件，单就黄河改道来说，黄河历史上下游改道频繁，黄河有史以来，曾发生过许多次大小规模不同的决口改道，在西起郑州、北至天津、南抵淮河口的黄淮海大平原上，或北流注入渤海或南迁夺淮入黄海，是一条“善淤、善决、善徙”的河流。关于黄河历史上决口改道的情况，根据已有研究，自公元前602年（周定王五年）以来，黄河历史上曾决口泛滥达1 500多次，较大的决口改道26次，重大的决口改道9次，黄河小的决口而且决口后又在不太长的时间进行堵复的则不计其数。所谓重大改道，是指决口规模大、黄河水灾波及面广、对民族造成深重灾难、黄河河道发生重大变迁、决口后的河道行水有一个相对稳定历史时期的改道。搞清黄河历史上不同时期决口以及不同时期黄河行水河道的分布情况，并分析决口改道的原因，对于研究和治理现代黄河具有重要的现实意义。关于黄河改道的时间记载以及洪水灾害所波及的范围、损失、影响等问题前人都进行了研究，有了较为明确的说法，这正是黄河断代工程所要研究的内容，黄河断代工程所要研究的是这9次重大改道发生前后在原河道沉积物方面所具有的变化，以及由此所带来的治河方面的启示，其实质是，要把自然的黄河改道看成是人类在大自然这个实验场进行的1∶1比例尺的原位试验，通过这个原位试验总结出我们研究黄河、治理黄河的某些重要规律、重要发现。它类似于黄委进行的调水调沙试验，调水调沙试验也是在黄河现场进行的1∶1比例尺的原位试验，总结试验效果时，我们要在已经事先选定好的剖面上进行泥沙方面的研究，通过比较调水调沙试验前后剖面形态的变化，我们可以得出黄河泥沙在剖面所代表的河段在调水调沙试验前、调水调沙试验后河道的冲淤情况；通过对事先选定好的剖面上调水调沙试验前后泥沙颗粒大小的变化分析，我们可以得出调水调沙试验前后剖面所代表的河段调水调沙的效果。两者的区别在于，黄河断代工程学所要研究的是自然发生的而非人为造成的这种1∶1比例尺的原位试验，而且是发生在黄河历史上的古老的事件。

黄河断代工程的基本含义是通过对黄河生命发展演化过程中自然发生的重大事件在河流沉积物方面记录的某些重要信息的研究，获得河道发展、演化、河流行水规律（包括黄河下游环境演变）等方面的重要结论、重大启示，以更好地为当代治河服务，实现维持黄河健康生命的目的。

6.3.2　黄河断代工程的基本研究方法

6.3.2.1　研究内容的空白性

黄河生命发展演化过程中自然发生的重大事件在河流沉积物方面记录的某些重要信息是客观存在的。只是由于学科的分工，各个学科对于河流沉积物以及河流沉积物中某些重要信息研究的重点是有区别的，以水文泥沙专业为例，水文泥沙专业在研究现黄河时，尽管也要研究古洪水古泥沙，但更多的注意力是集中在现代洪水现代泥沙研究方面，对于黄河沉积物方面记录的某些重要信息的研究则主要是近几年至近几十年时段内的信息，反映在黄河河道沉积物厚度方面则主要是河道沉积物表层几个厘米（当年度黄河淤积情况研究）或者几十个厘米（距今几十年时段内黄河淤积情况研究）以内，研究的内容主要是黄河来水来沙条件以及在下游河道中淤积特征、冲刷特征，研究时间偏重于当前或者距今小尺度时段的，研究内容偏重于黄河生命的当代面貌；工程地质专业，对河流沉积物的研究主要是集中于地层划分、地层的物理力学指标等工程性质方面，地层划分的时代往往按照地学观点以满足工程需要的第四纪地层为主，第四纪地层按最新的时代来说，全新世（Q_4）距今也在万年前后，即使对全新统上段（Q_4^3）地层的研究，也主要是集中在地层的工程性质方面。因此,它的研究时间是大尺度的,研究内容偏重于黄河生命的当代承载性能。对于近百年、上百年甚至上千年的黄河生命沉积物质的研究却是空白的,在河流沉积物研究方面存在着断代问题。断代问题存在的另一原因在于人类历史的短暂性,表现在人类文字产生的滞后性(人类与文字产生的非同步性,文字是人类产生很长时段后的产物,中华民族有 5 000 年文明史,而最早的文字甲骨文产生在商代,距今仅 3 500 年的历史)、历史记载的缺乏性(人类较为完整的、系统的历史记载在东周春秋时代,而此前的 2 000 多年的历史缺乏较为完整的、系统的文字记载,黄河一词首次出现在汉高祖封功臣的誓词中:“使黄河如带”,距今 2 000 多年)、治河历史文献的非专业性、技术手段的限制性等方面,这也造成了黄河生命发展演化过程中自然发生的重大事件在河流沉积物方面记录的缺乏。

6.3.2.2 研究对象的复杂性

黄河是一条多徙、善变、多泥沙的河流,是世界上公认的最难治理的河流,河流沉积物质具有复杂多变性。仅就黄河下游而言,地貌上有山东东明高村以上的游荡性河流地貌,有高村至山东阳谷陶城铺之间的过渡性河流地貌,还有陶城铺至山东垦利宁海之间的弯曲性河流地貌,反映在河流沉积物质方面,尽管总体上黄河下游处于沉积的趋势,但有的河段局部是以冲刷为主,有的河段局部是以淤积为主,还有的河段局部是冲刷与淤积处于暂时的平衡状态,这些不确定性条件给黄河沉积物质的研究带来了很大的困难。

6.3.2.3 已有研究方法的局限性

黄河断代工程侧重于对黄河河流沉积物的时代、沉积背景、重大自然水害事件发生前后河流沉积物的响应变化、黄河下游环境变迁趋势等方面,其研究手段必须能够达到上述研究内容的要求,而传统已有的研究方法则受到种种限制,例如,一般研究黄河泥沙要进行颗分试验,泥沙粒径级别往往在毫米级,而黄河断代工程所需要研究的泥沙粒径的最小级别是微米级,通过泥沙粒径更小级别的研究,才能揭示重大自然水害事件发生前后河流沉积物响应变化的微观信息和黄河下游环境变迁趋势等方面的微观信息,可见,从研究内容到研究的测试手段已有的泥沙研究测试方法是不相适应的。再比如,地质上的测年一般是通过 ^{14}C 的方法实现的,而 ^{14}C 测年的误差一般也有上百年,对于近代黄河生命(1855 年以后的河道)发展演化过程中自然发生的重大事件的测试显然是行不通的。黄河断代工程学从其研究内容到研究手段与传统已有研究方法相比都是一次创新。

6.3.2.4　研究方法的创新

黄河断代工程基本的研究方法，立足于黄河河流沉积物质研究，采用宏观测试手段与微观测试手段相结合、传统技术方法与当代最新技术相结合，充分吸收、挖掘历史、考古、化学、气象、环境等相关学科的研究成果，运用“以今论古”、“以古论今”的方法，开展黄河河流沉积物质的时代、沉积背景、重大自然水害事件发生前后河流沉积物的响应变化、黄河下游环境变迁趋势预测等方面的研究，由此揭示黄河生命发展、演化过程中内在规律性的信息，以更好地治理黄河，维持黄河健康生命。图6-7是基本研究方法示意图。

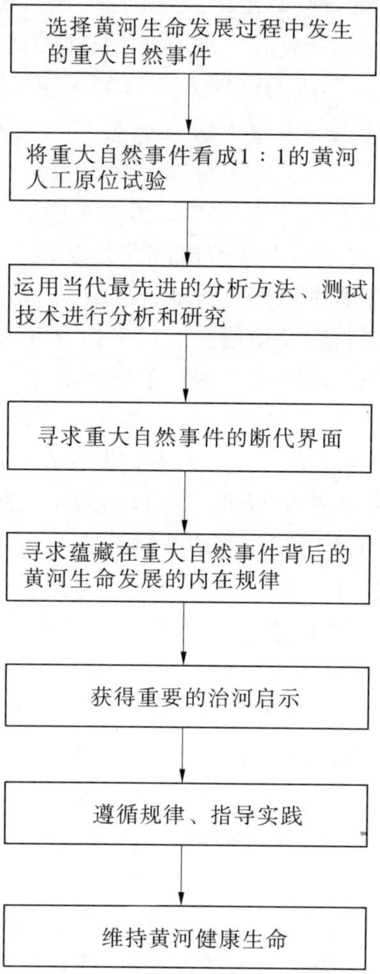

图6-7　基本研究方法示意图

6.3.3 黄河断代工程研究的意义

黄河断代工程的研究与当代治河密切相关,例如,1855 年黄河铜瓦厢决口是近代黄河历史上发生的一次重大自然事件。1855 年黄河铜瓦厢决口后的黄河河道沉积起始界面(断代界面)的研究,可以建立自 1855 年起河道泥沙沉积的时谱曲线和泥沙粒度特征曲线,进而可以像查化学元素表一样查出下游各个部位的河道泥沙沉积的时间刻度和同期泥沙沉积的厚度、泥沙粒度特征等,还可以提供黄河下游不同的具体河道部位的泥沙沉积的真实速率;对于东坝头至陶城铺古地面新冲刷出的黄河河段,还可以定量计算出该段悬河形成的具体年代,探究悬河形成的机理,运用同样的研究原理,还可以定量研究二级悬河形成问题以及形成的机理。在 1855 年黄河铜瓦厢决口时,曾形成了较大规模的溯源侵蚀现象,相当于前人在黄河现场进行了 1:1 比例尺的黄河河道溯源侵蚀原位试验,运用黄河断代工程的研究方法,查清溯源侵蚀的发生机制、规模以及对当时黄河河床泥沙沉积的影响(断代界面),可以为我们在现黄河下游河道采用人工的方法造成溯源侵蚀事件、依靠自然本身的力量拉深河槽,冲刷泥沙入海提供依据。再如,湖相沉积物具有沉积稳定、少冲刷、少缺失、地质信息、气候信息、环境信息等信息保存完整的特点,可以以东平湖为研究切入点,通过运用黄河断代工程学的研究方法,综合研究黄河下游万年以来(重点是 5 000 年以来)古环境(气候、降雨、植被等)的演变过程,进而研究黄河下游古环境演变的趋势,此外,东平湖湖水在 20 世纪 50 年代末由自然调节转为人工调节,也相当于进行了一次 1:1 比例尺的黄河放淤引沙、淤细颗粒放清水的原位试验,通过湖水自然调节转为人工调节前后湖相沉积物微观特征的研究,可以为我们在黄河下游进行人工建湖、放淤引沙、淤细放清(水)(与黄河中游小北干流的淤粗放细联合构成了一个上下呼应的、完整的黄河防沙治沙的防御体系)提供依据,研究的关键点在于找出湖水由自然调节转为人工调节所反映的湖相沉积变化的界面(断代界面),而这个界面是客观存在的,也正是黄河断代工程研究所强调的,是黄河断代工程研究的精髓和核心。类似的例子在黄河生命发展、演化过程中还有许多,可以肯定,黄河断代工程在黄河治理中大有可为,在维持黄河健康生命中大有可为。

6.3.4 结语

维持黄河健康生命是当代治河的新思维、新理论,在理论上和治黄实践中都有着重要的意义。同时,对于黄河的研究和治黄实践都提出了更高的创新要求,黄河断代工程正是在这一背景下所产生的,它丰富了黄河泥沙研究的内容,拉大了黄河泥沙研究的时空跨度;它延展了“三条黄河”建设的内涵,强调了“原型黄河”的历史;它丰富了维持黄河健康生命的研究手段。同时,又提出了黄河研究新的学科增长点,开辟了一个研究黄河的新领域、新方向。相信,随着黄河断代工程研究的逐步深入,一批以服务于维持黄河健康生命为目的的创新性成果会越来越多。

7 结论与问题

7.1 结 论

7.1.1 黄河下游近代河床沉积起始界面问题

(1)为了开展黄河下游近代河床沉积起始界面研究,采用的是由点到面的研究方法,选择黄河下游的高村河道作为具体研究部位,开展了钻探。钻孔12 m深度范围内的岩心自上而下大致可以分为6段:第1段(0~0.6 m)为砂壤土,灰黄色,饱和,软塑状;第2段(0.6~2.0 m)为粉砂,浅黄色,颗粒大小均匀,含长石、石英、云母等矿物;第3段(2.0~3.5 m)为浅黄色砂壤土夹粉砂,灰黄色,软塑状;第4段(3.5 ~7.5 m)为浅灰黄色粉砂夹浅黄色砂壤土;第5段(7.5~8.5 m)为浅黄色细砂,颗粒大小不均匀,含绿豆状砾石;第6段(8.5~12 m)为灰色黏土、壤土,含少量黄豆大小钙质结核,硬塑。

现场对6段地层颜色进行观察,上部1~5段的颜色均以浅色调为主,普遍发浅,颜色以浅黄色为主,反映出其地质历史短、土壤化程度低的特点;而第6段则变化为以深色调为主,普遍发黑,颜色以灰色、黑色为主,并且含腐殖质和钙质结核,反映出其地质历史长、土壤化程度高的特点。

从岩性特征上分析,上部1~5段的岩性少,含黏性颗粒,以粉砂为主,上部粉砂颗粒均匀,下部粉砂、细砂颗粒不均匀,并含有砾石,砾石具有较好的磨圆度,反映出河流流水沉积的特征。第6段的岩性为黏土、壤土,属于高黏性土,且黏土、壤土呈硬塑状态,含有大小不一、形状不规则的钙质结核,反映出不同于上部1~5段的地层的成生环境和程度不同的成壤作用。很明显,下部第6段地层的成壤作用要高于上部第1~5段地层的成壤作用。

按照地层成因划分原则,可以将1~5段划分为现黄河河流流水沉积的地层,即第1层地层;第6段划分为非河流成生的而且已经具有一定程度的成壤作用的地层,即第2层地层。两者的分界以深度8.5 m为界,8.5 m以上为第1层,8.5 m以下为第2层。

经过采用重金属测试、磁化率测试、测年等几种方法联合分析,证明第2

层地层即第 6 段黏土、壤土即为古原始地面，其上的粉砂、细砂、砂壤土即为近代黄河河流沉积物，近代黄河河床沉积起始界面即为第 6 段黏土、壤土的顶界面，在高村附近（钻孔位置附近）其深度约为 8.5 m，高程约为 51.5 m。

（2）对黄河下游河道的 41 个钻孔进行了归纳整理分析，可以将黄河下游河道的河床地层划分为三个大层。

第①层：第①层的厚度在黄河下游河道河南兰考东坝头断面（Ⅰ—Ⅰ断面）一带一般为 4.99 ~ 7.76 m，在黄河下游河道坝头集断面（Ⅱ—Ⅱ断面）一带一般为 7.05 ~ 9.69 m，在黄河下游河道刘庄断面（Ⅲ—Ⅲ断面）一带一般为 7.35 ~ 9.58 m，在黄河下游河道王黑断面（Ⅳ—Ⅳ断面）一带一般为 2.1 ~ 7.66 m。第①层的颜色为淡黄色、灰黄色，岩性上部以粉砂、砂壤土为主，局部渐变为壤土、黏土，中部和底部以细砂为主。从钻孔资料分析，该层具有明显的垂直分带性，即下部地层的颗粒粗于上部地层的颗粒，从室内土工试验资料分析，粉砂、细砂具有很好的磨圆度，主要矿物为石英、长石、云母，具有河流冲积物的典型特征，属于黄河河流冲积物。

第②层：第②层埋深在黄河下游河道河南兰考东坝头断面一带一般在 7.76 m 以下（未见底），在黄河下游河道坝头集断面一带为 9.69 m 以下，在黄河下游河道刘庄断面一带一般为 9.58 m 以下，在黄河下游河道王黑断面一带一般为 7.66 m 以下。第②层颜色以黄灰色、灰褐色、灰黑色壤土、砂壤土为主，局部为黏土，黏土呈可塑状，并见有零星分布的钙质结核，显示出土壤化的特征。该层局部见有灰黑色、黑色腐殖质。该层总的特点是，以深色为主色调、以黏性土为主、表部呈现出土壤化的特征。

第③层：在黄河下游河道坝头集断面一带埋深在 26 m 以下（未见底），在黄河下游河道刘庄断面一带埋深在 21 m 以下（未见底），在黄河下游河道王黑断面一带埋深在 24 m 以下（未见底），研究区最深钻孔 103.45 m 未打穿该层。该层颜色为黄灰色、灰褐色、灰黑色，该层岩性上部以壤土、砂壤土为主，局部为黏土，壤土、砂壤土、黏土，呈可塑状—硬塑状，并见有大量分布的钙质结核；该层中部及下部为粉砂、细砂、中砂，并见有贝壳碎片。该层总的特点是，以深色为主色调、以黏性土和砂性土交替出现为特征，属于时代较老的冲积、洪积、河湖积、海积堆积物，区域地质资料揭示，该层为上更新世沉积地层。

第①层为黄河近代河流沉积物，即黄河在 1855 年铜瓦厢决口以后沿着近代河床“新近”沉积的河流泥沙堆积物。

第②层为黄河在 1855 年铜瓦厢决口以前的古地面，即黄河在 1855 年铜瓦厢决口以后沿着古地面行水、河流泛滥并沿其堆积泥沙而成为黄河的新河床。

黄河下游近代河床沉积起始界面可以确定为第②层的顶面。

确定了黄河下游近代河床沉积起始界面，又对黄河下游近代河床沉积起始界面(河床)的特征进行了研究，做出了横跨黄河河道的四个横断面的地质剖面和一个沿黄河流向的河道地质纵剖面，见研究区地质横剖面(见图2-4～图2-7)和研究区河道地质纵剖面(见图2-8)。

对黄河河道的四个横断面的地质剖面和沿黄河流向的河道地质纵剖面进行了统计分析，得出的结论是：黄河下游近代河床沉积起始界面(古地面)地势低洼，横向上，中间略向上凸起，北部(左岸)略高于南部(右岸)，地形略向南倾斜，与现代地形特征基本符合；纵向上，西高东低，整个沉积起始界面(古地面)呈向上凹的波状地势。

7.1.2 黄河下游近代河床沉积物沉积速率问题

(1)根据研究河段38个河道钻孔所计算出的黄河下游近代河床泥沙沉积速率指标的范围值为1.40～8.13 cm/年，其中，泥沙沉积速率指标的范围值主要集中在3.0～6.5 cm/年，反映出黄河下游近代河床泥沙沉积速率因河床部位、水流状态、原始沉积界面的不同而表现出的一定差异性。

(2)根据黄河下游坝头集断面、刘庄断面、王黑断面的31个钻孔所计算出黄河下游近代河床泥沙沉积速率指标的范围值为4.70～6.70 cm/年，明显高于东坝头集断面7个钻孔所计算出的黄河下游近代河床泥沙沉积速率指标的范围值(1.14～6.5 cm/年)，在黄河下游坝头集断面、刘庄断面、王黑断面之间的近代河道是目前黄河总体上以沉积为主要特征的河段。

(3)研究区四个断面的泥沙沉积速率代表性指标分别为，东坝头断面4.24 cm/年，坝头集断面5.42 cm/年，刘庄断面5.61 cm/年，王黑断面5.11 cm/年。采用随机－模糊处理方法对研究区河段四个断面的泥沙沉积速率代表性指标进行数据处理，可得到研究区河道的泥沙沉积速率代表性指标为5.32 cm/年，用以反映研究区河道的泥沙沉积速率。

7.1.3 黄河下游近代河床泥沙沉积物的基本特性

(1)本次研究对河段内所取泥沙样品进行了颗分试验，得到了泥沙颗粒级配曲线，本书根据泥沙颗粒分布的级配曲线，将泥沙粒径分布情况分为四种类型：

第一种类型级配曲线，称之为Ⅰ型级配曲线，它反映的是以粗粒为主的泥沙其粒径分布的情况。

第二种类型级配曲线,称之为Ⅱ型级配曲线,它反映的是以细粒为主的泥沙其粒径分布的情况。

第三种类型级配曲线,称之为Ⅲ型级配曲线,它反映的是各种粒径含量相等、沙样的组成不均匀的泥沙其粒径分布的情况。

第四种类型级配曲线,称之为Ⅳ型级配曲线,它反映的是粒径组成均匀的泥沙其粒径分布的情况。

(2)泥沙粒径的大小与泥沙干容重关系密切,粒径粗的泥沙干容重大,而且其变化范围小;粒径细的泥沙则干容重小,而且其变化范围大。之所以这样,是因为泥沙干容重的变化受泥沙颗粒之间空隙率(单位体积沙样内空隙所占体积)的影响很大。泥沙粒径越小,颗粒之间的空隙率越大,泥沙干容重就越小,同时,细颗粒泥沙在沉淀过程中会产生絮凝现象,其沉积物具有蜂窝状的结构,空隙较大,具有较大的压缩性,上面的荷载越大,时间越长,就压得越紧,因而干容重的变化范围大。而粗颗粒泥沙颗粒之间空隙较小,也不存在蜂窝状的结构,所以其干容重较大,变化范围较小。

(3)泥沙的分选性是影响泥沙干容重大小的重要因素,ψ 越大表示沙样越不均匀,泥沙干容重也越大,反之亦然。其原因在于,泥沙的分选性对颗粒空隙的大小有决定性影响,分选性好则泥沙颗粒间空隙就小,自然其干容重就大。

(4)泥沙的均匀程度也是影响泥沙干容重大小的重要因素,σ_y 越小表示沙样越均匀,泥沙干容重也越小,反之亦然。泥沙颗粒空隙的大小取决于泥沙的均匀程度,泥沙颗粒越均匀,则其颗粒空隙就越大,干容重就小。

(5)研究区河段内泥沙样品的干容重受泥沙的淤积深度影响很大,淤积深的泥沙其干容重也越大,而变化范围则越小,淤积浅的泥沙则相反。当泥沙淤积深度在2 m以内时,泥沙干容重的主要变化范围为1.20~1.58 g/cm^3,当泥沙淤积深度大于8 m时,泥沙干容重的变化范围为1.60~1.70 g/cm^3。之所以这样,是因为上层泥沙所受压力较小,下层泥沙所受压力较大,所以上层泥沙的干容重小于下层泥沙的干容重,而且上层泥沙干容重变化范围则大于下层泥沙干容重变化范围。

(6)研究区河段内泥沙样品的干容重的大小与淤积时间有很大关系,随着淤积时间的增长,泥沙的干容重增大,但最后将趋向于一个稳定的数值。泥沙样品的干容重(ρ_d)与淤积时间(T)的关系式为:$\rho_d = 1.4 + 0.13\lg T$,利用该式,可以对河床泥沙地层的沉积时间进行估算。

(7)研究区河段内泥沙样品的分维随着泥沙颗粒的减小而增大,从壤土→砂壤土→粉砂→极细砂→细砂,泥沙样品的分维从2.64变化到2.16;泥沙样品的干容重随着粒度分维的减小而增大,泥沙样品的粒度分维与干容重的相关关系为:黏性土:$\rho_d = 0.2D_g + 1.05$,砂性土:$\rho_d = 0.25D_g + 1.15$,在泥沙研究中可以通过所得出的关系式进行干容重估算。

7.1.4 黄河下游河床演变的东平湖沉积响应问题

(1)孔深 10 m 内沉积物按岩性、岩相、沉积时间等大致分为八层,岩性存在三种组合,即以细颗粒为主的黏土、壤土类,黏土、壤土与砂壤土、粉砂薄层互层类,相对粗颗粒为主的砂壤土、粉砂类;分别反映出湖积沉积、冲-湖积沉积、冲积或冲-湖积沉积环境;孔深 10 m 内沉积物大致分为六个时代段,大致与我国历史上黄河河床六次大的变迁事件相吻合。分别对应史前期黄河至第一次黄河河道大变迁(公元前 602 年~公元 11 年)、黄河第二次河道大变迁(公元 11~1048 年)、黄河第三次河道大变迁(1048~1194 年)、黄河第四次河道大变迁(1194~1494 年)、黄河第五次河道大变迁(1494~1855 年)、黄河第六次河道大变迁(1855 年至现代)。

(2)沉积物磁化率曲线大致分为三种数值区间,一种是低值区间,大致位于孔深 4 m 以下,对应时代大约是金末时代,表明此前湖泊沉积物中磁性矿物含量还处于较低水平;第二种是中值区间,大致位于孔深 2~4 m,表明沉积区处于外来物源磁性颗粒的侵入调整期;第三种是高值区间,大致位于孔深 2 m 以上,表明沉积区处于外来物源磁性颗粒的大量涌入,同时也反映出近代黄河流域植被的减少、水土流失的加重和黄河流域环境的恶化。

(3)沉积物有机质测试结果总体呈现的特征是,深度自下至上沉积物有机质含量由高到低的变化,反映出研究对象湖泊初始生产能力由强到弱的减弱趋势,同时从另一个侧面也反映出湖体水面、湖体水深呈现由面大、水深向面小、水浅方向的转变趋势。基本上反映了东平湖本身演化、变迁的历史痕迹。

(4)沉积物黏土矿物测试结果呈现波状曲线的形态,沉积物中黏土矿物高岭石与蒙脱石含量曲线的谷底区、峰值区大致与伊利石含量曲线的峰值区、低值区所对应,大致反映了沉积物所处环境冷、热、干、湿交替的变化趋势。

(5)综合分析沉积物的岩性、岩相、沉积时间和沉积物磁化率曲线,沉积物有机质测试结果,沉积物黏土矿物测试结果等资料,钻孔沉积物分层与分段大致反映了我国黄河河床六次大的变迁、演化状况。

7.1.5 内外动力地质作用对黄河下游河床变迁的影响效应问题

(1)黄河下游 1855 年的兰考铜瓦厢河流改道、河床变迁绝不是偶然的,它与多种因素有关，从地质学的角度分析，地球的内外动力地质作用对河流发育、河床演变所表现出来的各种消极效应的影响也是不可忽略的因素，可能具体决口的地点、桩号具有偶然性，但是河道决口、河床变迁的结果从河流地质作用和新构造运动方面分析却是有其必然性。

（2）河流地质作用是外动力地质作用的一种形式，它对黄河下游河床变迁的影响效应主要表现在水流的侵蚀作用、水流挟带泥沙的沉积作用，而在河床演变、变迁过程中，这两个方面是密切联系在一起共同对河床的演变、变迁发生直接的作用，这种直接的作用效果——积极性的或消极性的，则取决于来水来沙条件及其组合，其效应直接表现在河型、河相等方面。

（3）新构造运动是最常见的内动力地质作用形式之一，对黄河下游河床变迁有直接的影响。新构造运动，特别是新构造差异性运动对河床变迁的影响效应主要体现在控制河流走向、控制河相、影响河势、影响河流沉积、诱发河床变迁的地点、主导河床变迁的范围等方面，是黄河下游河床变迁的基因，对黄河下游河床的变迁起着诱导和控制性作用。

（4）内外动力地质作用对黄河下游河床变迁的影响效应既有直接的方面（如影响河势、河型等），又有间接的方面（如影响河床淤积等），既有长期而缓慢的渐进式表现（如影响河流走向等），又有突变性的表现（如地震活动等），内外动力地质作用是黄河下游河床演变、河床变迁的重要因素。

（5）黄河下游河床变迁的因素主要有自然因素和人力因素（如战争扒决）。自然因素主要包括来水来沙情况、河床演变所处状态及冲刷与淤积关系、悬河生存条件、堤基地质条件堤身质量、新构造运动影响等方面。因此，在黄河河床演变研究和堤防建设中应充分考虑内外动力地质作用对黄河下游河床变迁的影响效应，遵循自然规律，维持河流健康生命。

7.1.6　黄河下游近代河床相关地质问题研究

（1）黄河下游历史决口口门工程地质勘察方法问题：黄河是一条地上悬河，尽管有千里大堤约束，历史上仍频繁决口，仅西汉以来，黄河大堤决口多达1 500余次，多数决口口门隐伏于现今的大堤之下，是堤防的隐患。黄河大堤历史决口口门的工程地质勘察，应主要解决三大问题，即查清历史口门的位置、宽度、深度；了解堵口填筑物的工程性质；确定历史决口口门区的工程地质问题，以便为堤防防洪设计和加固处理提供工程地质依据。然而，如何采用有效的勘察方法，达到查清黄河大堤历史决口口门三大问题的目的，一直是堤防研究和勘察设计人员比较关注的问题。通过工程实践经验总结和理论研究，提出了运用资料分析方法、微地形地貌调查方法、物探新技术瞬态瑞雷面波探测方法、钻进特征鉴别法、可比层法、现场和室内试验法等,可以很好地解决口门的工程地质勘察问题。运用本书提出的研究方法,可以经济、有效、快速地查明口门区各种工程地质问题,工程地质勘察质量能够满足水工设计、堤防施工、堤防管理等部门的要求,并为防洪决策提供基础性工程地质资料。

(2)黄河下游历史决口口门区工程渗流控制问题:黄河下游历史决口口门区是江河堤防的最重要的险工、险点,构成了堤防的重大隐患,历史口门历来成为抗洪抢险、堤防加固的重点部位,因此对堤防历史口门开展渗流研究有着非常重要的意义。以黄河下游荆隆宫口门为例,通过公式解析法(等效长度法、密西西比河公式法、卡明斯基公式法等)和有限元法计算,搞清了渗流场的状况,结合地形、地貌、地质情况提出了黄河下游荆隆宫口门三种渗流控制措施:盖重、截渗墙、排水减压井,并就各种方案的优劣进行了比较和选择。通过实例的研究得到的认识为,堤防历史口门渗流研究应在查清工程地质条件和水文地质条件的基础上,建立合理的地质模型,通过公式解析法或者有限元法进行计算,并且可以相互验证、相互校核。加固设计诸方案分析论证时应以渗流控制措施的技术性和经济合理性为依据,选择出科学的渗控方案,达到根治堤防历史口门隐患、保证堤防安全的目的。

(3)黄河断代工程及其研究意义:黄河断代工程的基本含义是通过对黄河生命发展演化过程中自然发生的重大事件在河流沉积物方面记录的某些重要信息的研究,获得河道发展、演化、河流行水规律(包括黄河下游环境演变)等方面的重要结论、重大启示,以更好地为当代治河服务,实现维持黄河健康生命的目的。它的基本研究方法是:选择黄河生命发展过程中发生的重大自然事件→将重大自然事件看成1:1的黄河人工原位试验→寻求重大自然事件的断代界面→运用当代最先进的分析方法和测试技术进行分析和研究→寻求蕴藏在重大自然事件背后的黄河生命发展的内在规律→获得重要的治河启示、治河规律→遵循规律、依照规律进行治河实践活动→维持黄河健康生命。在实践上提出了在黄河下游进行人工建湖、人工建库、放淤引沙、淤细放清(水)(与黄河中游小北干流的淤粗放细试验联合构成了一个完整的黄河防沙治沙的防御体系)的设想。维持黄河健康生命是当代治黄的新思维、新理论,在理论上和治黄实践中都有着重要的意义。同时,对于黄河的研究和治黄实践都提出了更高的创新要求,黄河断代工程正是在这一背景下所产生的,它丰富了黄河泥沙研究的内容,拉大了黄河泥沙研究的时空跨度;它延展了“三条黄河”建设的内涵,强调了“原型黄河”的历史;它丰富了维持黄河健康生命的研究手段。同时,又提出了黄河研究新的学科增长点,开辟了一个研究黄河的新领域、新方向。相信,随着黄河断代工程研究的逐步深入,以服务于维持黄河健康生命的创新性成果会越来越多。

7.2 问 题

(1)本次研究的河段内所取泥沙样品按照土力学的研究方法进行了试验,得出了级配曲线类型、泥沙粒径的大小与泥沙干容重关系、泥沙的分选性与泥沙干容重大小的关系、泥沙的均匀程度与泥沙干容重大小的关系、泥沙的干容重与泥沙的淤积深度的关系、泥沙粒度分维与干容重的相关关系、泥沙样品干容重的大小与淤积时间的关系等定性和定量结论。黄河下游存在三种河型,高村以上属于游荡性河段、高村至陶城铺之间属于过渡性河段、陶城铺至入海口属于弯曲性河段,本次仅仅对高村至陶城铺之间的过渡性河段的泥沙进行了研究,所作结论能否适合整个黄河下游尚需进一步研究。

(2)在黄河下游河床演变的东平湖沉积响应研究方面,由于沉积物沉积时间相对较短,对于沉积地层沉积年代的确定采用了年代考古和湖泊沉积推算的方法,这样沉积地层在某一深度的绝对年代还存在一定误差,书中给出的年代深度往往指某一深度的上下范围,应该寻求更多的方法和手段进行更加精细的定年。

(3)本次研究从东平湖湖区地层及其测试资料、古文化遗址、古文献记载等方面只是对黄河下游东平湖地区古环境状况和地层时代进行了考证。黄河下游分布广阔,特别是古黄河下游还包括河南、河北、山东等广大地区,这些地区史前文化遗址非常丰富,为我们研究整个黄河下游地区史前环境变迁提供了丰富的环境信息,包括古黄河河口变迁和演变、古海平面变化、古海岸线的变迁和演变等方面。因此,这方面的研究还有许多十分有意义的工作可做。

(4)黄河断代工程是本次研究在理论上提出的一个新概念、新思维,它丰富了黄河泥沙研究的内容,强调了"原型黄河"的历史,丰富了维持黄河健康生命的研究手段,同时,又提出了黄河研究新的学科增长点,开辟了一个研究黄河的新领域、新方向。本次研究由于经费和时间的关系,仅仅对黄河下游近代河床1855年的一个断代界面进行了研究,提出了部分研究成果,黄河下游还有不少断代界面需要研究。另外,在实践上提出的在黄河下游进行人工建湖、人工建库、放淤引沙、淤细放清(水)(与黄河中游小北干流的淤粗放细试验联合构成了一个完整的黄河防沙治沙的防御体系)的设想也还需要进一步的细致完善。

参 考 文 献

[1] 黄河水利委员会．黄河近期重点治理开发规划[M]．郑州：黄河水利出版社，2002.

[2] 黄河水利委员会治黄研究组．黄河的治理与开发[M]．上海：上海教育出版社，1984.

[3] 李国英．治理黄河思辨与践行[M]．北京：中国水利水电出版社，2003.

[4] 李金都，周志芳．黄河断代工程及其研究意义[J]．岩土力学，2007，28(1)：41-44.

[5] 黄河水利委员会黄河水利史编写组．黄河水利史述要[M]．郑州：黄河水利出版社，2003.

[6] 尹学良．黄河下游的河性[M]．北京：水利电力出版社，1985.

[7] 钱宁，周文浩．黄河下游河床演变[M]．北京：科学出版社，1965.

[8] 叶青超，陆中臣，杨毅芬．黄河下游河流地貌[M]．北京：科学出版社，1990.

[9] 叶青超，尤联元，许炯心．黄河下游地上河发展趋势与环境后效[M]．郑州：黄河水利出版社，1997.

[10] 黄河水利委员会．黄河防洪志[M]．郑州：河南人民出版社，1991.

[11] 尹学良．黄河口的河床演变[M]．北京：中国铁道出版社，1997.

[12] 杨国顺．东汉黄河下游河道研究 [C]//左大康．黄河流域环境演变与水沙运行规律研究文集．北京：地质出版社，1991.

[13] 李元芳．历史时期(春秋战国～北宋末年)的黄河口及海岸线变迁[C]//左大康．黄河流域环境演变与水沙运行规律研究文集．北京：地质出版社，1991.

[14] 胡汉元．2 700 年来黄河下游真相的概略分析[M]．西安：陕西科学技术出版社，1987.

[15] 钮仲勋．历史时期黄河下游河道变迁图[M]．北京：测绘出版社，1994.

[16] 王英杰．论历史气候变化对黄河下游河道变迁的影响[C]//左大康．黄河流域环境演变与水沙运行规律研究文集．北京：地质出版社，1991.

[17] 马国彦．黄河下游河道工程地质及淤积物物源分析[M]．郑州：黄河水利出版社，1997.

[18] 吴枕，等．华北平原古河道研究[M]．北京：中国科学技术出版社，1991.

[19] 钱意颖，叶青超，周文浩．黄河干流水沙变化与河床演变[M]．北京：中国建材出版社，1993.

[20] 钱宁，王可钦，阎林德．黄河中游粗沙来源区对黄河下游冲淤的影响[C]//河流泥沙国际学术讨论会论文集．北京：光华出版社，1980.

[21] 杨庆安．黄河三门峡水利枢纽运用研究[M]．郑州：河南人民出版社，1995.

[22] 黄河水利委员会．黄河流域地图集[M]．北京：中国地图出版社，1989.

[23] Gong Guoyuan. Environmental effect of human activities on river in Huanghe-Huaihe-Haihe plain[J]. China Geografiska Annaler, 1987, 69A(1): 181-188.

[24] 许炯心．我国流域侵蚀产沙的地带性特征[J]．科学通报,1994,39(11):1019-1022.

[25] 许炯心．黄河上中游产水产沙系统与下游河道沉积系统的耦合关系[J]．地理学报,1997,52(5):421-429.

[26] 杨玲,刘飞,史宗伟．黄河下游二级悬河问题及治理[J]．中国农村水利水电,2004(4):39-41.

[27] 韦直林．黄河下游治理方略的一点浅见[J]．人民黄河,2004,26(6):17-18.

[28] 韦直林．论以水库调控为中心的治黄方略[J]．人民黄河,2003,25(4):15-17.

[29] 端木礼明．河南黄河二级悬河形成及治理对策[J]．中国水利,2003,6(B):58-59.

[30] 赵勇,边鹏,张遂芹．黄河濮阳河段二级悬河状况及治理措施[J]．人民黄河,2002,24(12):14-15.

[31] 杜玉海,毕东升．黄河山东段二级悬河的危害及防治措施[J]．人民黄河,2004,26(1):5-7.

[32] 陈志娟．对治理二级悬河的几点认识和建议[J]．山东机械,2003,7(2):61-62.

[33] 黄河水利委员会．小浪底水库初期运用方式研究报告[R]．郑州:黄河水利委员会设计院,1999.

[34] 张仁．对于黄河下游治理方略的几点建议[J]．人民黄河,2004,26(5):1-2.

[35] 齐璞,苏运启．黄河下游“小水大灾”的成因分析及对策[J]．人民黄河,2002,24(7):12-13.

[36] 王飞寒,史宗伟．黄河下游洪水特点分析[J]．黄河水利职业技术学院学报,1999,11(4):15-19.

[37] 钱宁,周文浩．黄河下游河床演变[M]．北京:科学出版社,1965.

[38] 钱宁,张仁,周志德．河床演变学[M]．北京:科学出版社,1987.

[39] 叶青超．黄河流域环境演变与水沙运行规律研究[M]．济南:山东科学出版社,1994.

[40] 陈英燕．浅析黏性泥石流细颗粒的作用[M]．北京:科学出版社,1995.

[41] 张瑞瑾．高含沙水流特性初探[J].武汉水利电力学院学报,1978(1):33-36.

[42] 王兆印,钱宁．高含沙水流运动机理的实验研究[D]．北京:中国水电科学研究院,1984.

[43] 钱宁．高含沙水流运动[M]．北京:清华大学出版社,1989.

[44] 齐璞.1977年黄河下游高含沙洪水的输移与演变分析[J]．人民黄河,1984(5):21-24.

[45] 舒安平．高含沙水流挟沙能力及输沙机理研究[D]．北京:清华大学,1994.

[46] 齐璞．黄河高含沙水流运动规律及应用前景[M]．北京:科学出版社,1993.

[47] 赵业安,周文浩．黄河下游河道演变基本规律[M]．郑州:黄河水利出版社,1998.

[48] 赵文林．黄河泥沙[M]．郑州:黄河水利出版社,1996.

[49] 尹学良．黄河下游河道改道问题[C]//河床演变河道整治文集．北京:中国建材出版社,1978.

[50] 梁志勇,吕文堂,周念斌. 黄河高含沙水流水沙运动与演变规律[M]. 郑州:黄河水利出版社,2001.

[51] 王明甫. 高含沙水流及泥石流[M]. 北京:水利电力出版社,1995.

[52] 黄河水利委员会. 黄河勘测志[M]. 郑州:河南人民出版社,1994.

[53] 马国彦,王喜彦. 黄河下游河道工程地质研究报告[R]. 郑州: 黄河水利委员会设计院,1997.

[54] 陆中臣. 黄河下游清水冲刷阶段河床的调整及其对基准面变化的反应[J]. 地理研究,1984,3(2):22-25.

[55] 周文浩. 黄河下游河床近代纵剖面的变化[J]. 泥沙研究,1983(4):26-28.

[56] 谢鉴衡. 论黄河下游纵剖面形态及其变化[J]. 人民黄河,1980(1):4-7.

[57] 代英生. 黄河的形成与发育史[J]. 人民黄河,1986(1):2-7.

[58] 薛铎. 黄河东段形成时代管见[J]. 河南地质,1996,14(2):100-112.

[59] 贾杰华,石钦周,王志刚,等. 黄河冲积扇的形成及其水文地质环境[J]. 人民黄河,2002,24(2):19-20.

[60] 丁骕. 华北平原的生成[J]. 水利,1947,15(1).

[61] 石长青,董玉良,韩书华. 关于黄河三角洲形成问题的初步探讨[J]. 地质评论,1985.

[62] 马国彦,王喜彦. 黄河下游软土的工程地质特性[C]//软土工程国际会议论文集. 北京:科学出版社,1993.

[63] 李广坤,邵时雄. 河南省平原第四纪地质[R]. 郑州:河南省地矿厅,1985.

[64] 陈孝燕. 山东第四系[R]. 济南:山东省地矿厅,1988.

[65] 邵时雄,王明德.《中国黄淮海平原第四纪地质图(1:100 万)[M]. 北京:地质出版社,1989.

[66] 马国彦,王喜彦. 黄河下游河道工程地质分析及淤积物物源分析[M]. 郑州:黄河水利出版社,1997.

[67] 彭汉兴. 河谷工程地质[M]. 南京:河海大学出版社,1993.

[68] 李金都. 大堤历史口门边界的确定方法[J]. 人民黄河,1992,14(5):38-39.

[69] 魏常兴,刘海龄,黄鼎成. 黄河的形成演化研究[J]. 水文地质工程地质,2002,29(1): 42-44.

[70] 张忠胤. 关于地上悬河地质理论[M]. 北京:地质出版社,1980.

[71] 方建华,谢俊卿,程生平. 黄河下游河道改道问题探讨[J]. 水文地质工程地质,2000,27(1): 21-23.

[72] 罗国煜,储同庆,阎长虹. 黄河下游悬河稳定性环境地学研究[J]. 地质评论,1997,43(4):441-447.

[73] 刘传正. 论黄河下游断流问题[J]. 中国区域地质,1999,18(4):418-423.

[74] 许炯心. 中国不同自然带的河流过程[M]. 北京:科学出版社,1996.

[75] 罗国煜. 论两类环境和两类悬河问题的研究[J]. 工程地质学报,2000,8(1): 3-6.

[76] 李金都. 黄河下游堤防白马泉、荆隆宫堤段工程地质报告[R]. 郑州:黄河水利委员会设计院,1990.

[77] 郝明德. 黄河断流与黄河流域综合治理[J]. 人民黄河,2000,22(5):4-8.

[78] 刘昌明,成立. 黄河干流下游断流的径流序列分析[J]. 地理学报,2000,55(3):256-257.

[79] Aitken M J. Thermoluminescence dating[M]. London:Academic,1985.

[80] Li H H. Thermoluminescence characteristics of quartz implanted by nickel ion[J]. Science in China Series D,1998,41(4):437-440.

[81] Li Huhou. Thermo-Luminescence[M]. HongKong:Scientist Press International Inc,1999.

[82] Botter-Jensen L. Luminescence techniques: instrumentation and method[J]. Radiation Measurement,1997,27(5/6):749-754.

[83] 李虎侯. 选频热释光一种新的年龄测定技术[J]. 自然科学进展,2002,12(3):333-336.

[84] Alley R B, Mayewski P A, Sowers T, et al. Holocene climatic instability: A prominent, widespread event 8200 yr ago[J]. Geology,1997,25(6):483-486.

[85] Chen J H, Curran H A, White B, et al. Precise chronology of the last interglacial period: ^{234}U-^{230}Thdata from fossil coral reefs in the Bahamas[J]. Geological Society of American Bulletin,1991,103:82-97.

[86] Stirling C H, Esat T M, Mcculloch, et al. High-precision U-series of corals from western Australia and implications for the timing and duration of the last interglacial[J]. Earth and Planetary Science Letters,1995,135:115-130.

[87] Zhou W J, An Z S, Jull A, et al. Reappraisal of Chinese Loess Plateau stratigraphical sequence over the last 30,000 years: procuress of an important monsoon climatic event[J]. Radiocarbon, 1998,40(2):905-913.

[88] Huang Chunchang. Holocene landscape development, climatic vearia-tion and human impact in the Maumeen Gap, Conne mara, western Ireland[J]. Joumal of Biogeography, 2002,29(2):153-165.

[89] Huang Chunchang, Zhou Jie, Pang Jiangli, et al. A regional aridity phase and its possible cultural impact during the Holocene Megathermal in the Guanzhong Basin, China[J]. The Holocene,2000,10(1):135-143.

[90] Huang Chunchang, Pang Jiangli, Huang P, et al. Multi-disciplinary studies of the oldest cultivated soils in the southern part of the Loess Plateau of China[J]. Catena, 2002,47(1):19-42.

[91] Huang Chunchang, Pang Jiangli, Huang P. An early Holocene erosion phase on the loess tableland in the southern Loess Plateau of China [J]. Geomorphology,2002,43(3-4):

209-218.

[92] Huang Chunchang, Pang Jiangli, Zhao J B. Chinese loess and the evolution of the East Asian Monsoon[J]. Progress in Physical Geography,2000,24(1):75-96.

[93] Bergonzini L, Chalie F,Gasse F. Paleoevaporation and paleoprecipitation in the Tanganyika Basin at 18,000 years B. P. inferred from Hydrologic and vegetation proxies[J]. Quaternary Research, 1997,47:295-305.

[94] Kraus M J. Lower Ecocene alluvial paleosols: Pedogenic development, stratigraphic relationships and paleosol/ladscape associations [J]. Palaeogeography, Palaeoclimatology, Palaeoecology, 1997, 129:387-406.

[95] An Zhisheng. The history and variability of the East Asian paleomonsoon climate[J]. Quatemary Science Reviews, 2000 ,19:171-187.

[96] An Zhisheng, Porter S C, Kutzbach J E, et al. Asynchronous Holocene optimum of the East Asian monsoon[J]. Quatemary Science Reviews, 2000,19:743-762.

[97] Zhou W, Head M J, Deng L. Climate changes in northern China since the Late Pleistocene and its response to global change[J]. Quatemary International, 2001,83/85:285-292.

[98] Starkel L. 8,500 ~ 8,000yrs bp humid phase-global or regional[J]. Science Repots of Tohoku University, 1999,49(2):105-133.

[99] Kalicki T. Grain size of the overbank deposits as crriers of paleogeographical information [J]. Quaternary International, 2000,72:107-114.

[100] Meyers P A, et al. Source, degradation and recycling of organic matter accosiated with sinking particles in Lake Michigan[J]. Org Geochem, 1993,20:47-56.

[101] Katherine H F, et al. Evidence from carbon isotope measurements for diverse origins of sedimentary hydrocarbons[J]. Nature, 1992,343:254-258.

[102] 隋桂荣. 太湖表层沉积物中 OM,TN,TP 的现状与评价[J]. 湖泊科学,1996,8(4):319-324.

[103] 张平中,王先彬,王苏民,等. 青藏高原若乐盖盆地 RH 孔沉有机质的 ^{13}C 值和氢指数记录[J]. 中国科学(B 辑),1995,25(6):631-638.

[104] 陈发虎,王苏民. 青藏高原若尔盖湖芯磁性地层研究[J]. 中国科学(B 辑),1995,25(5):272-277.

[105] 吴敬禄. 若尔盖盆地 RH 孔近 80 万年来有机碳同位素气候特征的频谱分析[J]. 湖泊科学,1997,9(3):211-216.

[106] 吴敬禄,王苏民. 若尔盖盆地 RM 孔自生碳酸盐 $\delta^{18}O$、$\delta^{13}C$ 记录所提示的环境演化特征[J]. 海洋地质与第四纪地质,1997,17(4):63-72.

[107] 万国江. ^{137}Cs 及 ^{210}Pb 方法湖泊沉积计年研究新进展[J]. 地球科学进展,1995,10(2):188-192.

[108] 吴敬禄,王苏民. 湖泊沉积物有机质 $\delta^{13}C$ 所揭示的环境气候信息[J]. 湖泊科学,1996,8(2):113-118.

[109] 李献华. 不平衡铀系定年的新技术突破——高精度、高灵敏度^{238}U-^{234}U-^{230}Th 同位素质谱测定和应用[J]. 地球科学进展,1994,9(3):79-85.

[110] Eisenhauer A, Wasserburg G J,Chen J H, et al. Holocene sea- level determination relative to the Australian conti-nent'U/Th (TI MS) and ^{14}C(AMS) dating of coral cores from the Abrolhos Islands[J]. Earth Plant Sci Lett,1993 (114):529-547.

[111] Matthews M, Wasserburg G J, Chen J H. Diagenesis of fossil corals skeletons'Correlation between traceelements, tex-tures and $^{234}U/^{238}U$[J]. Geochim Cosmochim Acta,1993 (57):257-276.

[112] Hamelin B, Bard E ,Zindlcr A, et al. $^{234}U/^{238}U$ mass spectrometry of corals: How accurate is the U-Th age of the last interglacial period [J]. Earth Plant Sci Lett,1991(106): 169-180.

[113] Chen Zhongyuan, Daniel Jean Stanley. Sea-level risc on Eastern China's Yangtze delta [J]. Journal of Coastal Rescarch, 1998(14):360-366.

[114] Pirazzoli P. World Atlas of Holocene sea-level changes[M]. Amsterdam: Elsevier Oceanographic Series,1991(58):300-318.

[115] Daniel Jean Stanley, Chen Zhongyuan. Neolithic settle ment distribution as a function of sea-level controlled topography in the Yangtze delta. China[J]. Geology, 1996(24): 1083-1086.

[116] Walling D E, He Q. Improved models for estimating soil erosion rates from caesium-137 measure ments [J]. The Journal of Environmental Quality, 1999,28(2):611-622.

[117] Walling D E, Quine T A. Calibration of caesiun-137 measurements to provide quantitative erosion data[J]. Land Degradation and Rehabilitation, 1990(2):161-175.

[118] Kachanoski R G. Estimating soil loss from changes in soil cesium-137[J]. Canada Journal of Soil Science,1993, 73(4):629-632.

[119] Zhang X B, Walling D E, He Q. Simplified mass balance models for assessing soil erosion rates on cultivated land using caesiu n-137 measurements [J]. Hydrological Science,1999, 44(1):33-45.

[120] Yang H, Du M, Chang Q, et al. Quantitative model for estimating soil erosion rates by using ^{137}Cs [J]. Pedospheere, 1998(8):211-220.

[121] Owens P N, Walling D E, He Q, et al. The use of caesium-137 measure ment to establish a sediment budget for the Start catch-ment, Devon, UK[J]. Hydrological Sciences, 1997(42):405-423.

[122] 程致远,梁卓成,林瑞芬,等. 云南滇池现代沉积物^{210}Pb 法的 CF 模式年龄研究[J]. 地球化学,1990(4):327-332.

[123] Carpenter R, Bennett J T, Peterson M L. ^{210}Pb activities in and fluxes to sediments of the Washington continental slope and shelf[J]. Geochim Cosmochim Acta, 1981(45): 1155-1172.

[124] 夏明,张承惠,马志邦,等. ^{210}Pb 年代学方法和珠江口、渤海锦州湾沉积速度的测定[J]. 科学通报,1983(5):291-295.

[125] Smith J N, Walton A. Sediment accumulation rates and geochronologises measured in the Saguenay Fjord using the ^{210}Pb dating method[J]. Geochim Cosmochim Acta, 1980(44):225-240.

[126] Mccall P L. Robbins J A, Matisoff G. ^{137}Cs and ^{210}Pb transpor and geochronologies in urbanized reservoirs with rapidly increasing sedimentation rates rates[J]. Chem Geol, 1984,44:33-65.

[127] 曹伯勋. 第四纪地质与地貌[M]. 武汉:中国地质大学出版社,1994.

[128] 刘桂仪,董上茂. 黄河下游山东段河道带稳定性的地质环境评价[J]. 山东地质, 1998,14(3):37-41.

[129] 林瑞芬,闵育顺,卫克勤. 珠江口沉积柱样^{210}Pb 法年龄测定结果及其环境地球化学意义[J]. 地球化学,1998,27(5):402-411.

[130] 张振克,王苏民,沈吉,等. 黄河下游南四湖地区黄河河道变迁的湖泊沉积响应[J]. 湖泊科学,1999,11(3):231-235.

[131] 张晓阳,蔡述明,孙顺才. 全新世以来洞庭湖的演变[J]. 湖泊科学,1994,6(1):13-21.

[132] 薛志强. 全新世以来中国北方的环境变迁[J]. 昭乌达蒙族师专学报,1998,19(4):62-67.

[133] 杨达源,王云飞. 近2 000年淮河流域地理环境的变化与洪灾、黄河中游的洪灾与洪泽湖的变化[J]. 湖泊科学,1995,7(1):1-7.

[134] 宋育新,王苏民,吴瑞金. 全新世江汉平原地区长江南移年代的沉积学证据[J]. 科学通报,1997,42(18):1972-1974.

[135] 羊向东,王苏民,吉磊. 固城湖晚全新世以来的孢粉组合及环境变迁[J]. 湖泊科学,1994,6(3):233-238.

[136] 王云飞,王苏民,薛滨. 黄河袭夺若尔盖古湖时代的沉积学依据[J]. 科学通报, 1995,14(8):723-725.

[137] 沈吉,张恩楼,张祖陆. 山东南四湖成湖时代浅析[J]. 湖泊科学,2000,12(1):292-296.

[138] 吴艳宏,李世杰. 湖泊沉积物色度在短尺度古气候研究中的应用[J]. 地球科学进展,2004,19(5):789-792.

[139] 李立青,杨明义,刘普灵. ^{137}Cs 示踪农耕地土壤侵蚀速率模型的比较研究[J]. 地球科学进展,2004,19(1):32-36.

[140] 薛春汀,周永青,朱雄华. 晚更新世末至公元前7世纪的黄河流向和黄河三角洲[J]. 海洋学报,2004,26(1):48-60.

[141] 邢光熹,朱建国. 土壤微量元素和稀土元素化学[M]. 北京:科学出版社,2002.

[142] 窦贻俭,李春华. 环境科学原理[M]. 南京:南京大学出版社,1998.

[143] 王晓蓉. 环境化学[M]. 南京:南京大学出版社,2003.

[144] 王晓蓉. 金沙江颗粒物对重金属的吸附作用[J]. 环境化学,1983(1):23-32.

[145] S. E. Manahan. Environmental Chemistry, Fourth Ed[M]. Boston: Willard Grant Press, 1984.

[146] 张卫国,俞立中,许羽. 环境磁学研究的简介[J]. 地球物理学进展,1995,10(3):102-105.

[147] Kukla G, Heller F, Ming L X, et al. Pleistoceneclimatesin Chinad ated bymagneticsus ceptibility[J]. Geology,1988(16): 8112-8144.

[148] 韩晓非,柳云龙,陈永强,等. 低丘侵蚀红壤垦种熟化过程中土壤磁性特征演变规律[J]. 水土保持学报,2001,15(2): 260-263.

[149] 俞劲炎,卢升高. 土壤磁学[J]. 南昌:江西科学技术出版社,1991.

[150] 张海燕. 河流演变工程学[M]. 北京:科学出版社,1990.

[151] 许炯新,孙季. 黄河下游2 300年以来沉积速率的变化[J]. 地理学报,2003,58(2):247-254.

[152] 胡汉元. 2 700年来黄河下游真相的概略分析[M]. 西安:陕西科学技术出版社,1987.

[153] 熊文林,李胡生. 岩石样本力学参数值的随机-模糊处理方法[J]. 岩土工程学报,1992,14(6):101-108.

[154] 黄志全,王思敬. 岩体力学参数取值的置信度及其可靠度[J]. 岩石力学与工程学报. 1999,18(1):33-35.

[155] 章杨松,罗国煜,李晓昭. 随机-模糊处理方法在岩石力学指标及岩组划分中的应用[J]. 工程地质学报,2001,9(2):182-187.

[156] 熊毅,许冀泉. 中国土壤黏土矿物分布规律[J]. 土壤学报,1994,12(3):266-274.

[157] 张玉芬,李长安. 江汉平原湖区周老镇钻孔磁化率和有机碳稳定同位素特征及其古气候意义[J]. 地球科学,2005,30(1):114-119.

[158] 东平湖志编写组. 东平湖志[M]. 济南:黄河出版社,1993.

[159] 喻宗仁,窦素珍,赵培才,等. 山东东平湖的变迁与黄河改道的关系[J]. 古地理学报,2004,6(4):469-479.

[160] 郝懿行. 尔雅[M]. 北京:中国书店,1983.

[161] 李吉甫. 元和郡县志[M]. 上海:上海古籍出版社,1987.

[162] 脱脱,等. 宋史·河渠志[M]. 北京:中华书局, 1977.

[163] 齐吉祥,马志斌,王宏,等. 中国历史[M]. 北京:人民教育出版社,2001.

[164] 冯国超. 中华文明史[M]. 北京:京华出版社,2004.
[165] 颜元亮. 清代铜瓦厢改道前的黄河下游河道[J]. 人民黄河,1986(1):62-65.
[166] 徐福龄. 黄河下游明清时代河道和现行河道演变的对比研究[J]. 人民黄河,1979(1):66-76.
[167] 黄河防总. 黄河防汛资料汇编[G]. 郑州:黄河水利委员会,2000.
[168] 戴英生. 黄河下游河道地质特征与古地理环境[C]//胡一三. 黄河防洪. 郑州:黄河水利出版社,1997.
[169] 景存义,伍燕南. 黄河下游河床变迁与新构造运动[J]. 人民黄河,1991(2):68-72.
[170] 李金都,王学潮,张瑞怡. 黄河下游地质专辑[R]. 郑州:黄河水利委员会设计院,2001.
[171] 李广诚,司富安,杜忠信. 堤防工程地质勘察与评价[M]. 北京:中国水利水电出版社,2004.
[172] 徐福龄. 黄河下游河道历史变迁概述[J]. 人民黄河,1982(5):46-49.
[173] 董哲仁. 堤防抢险实用技术[M]. 北京:中国水利水电出版社,1999.
[174] 董哲仁. 堤防除险加固实用技术[M]. 北京:中国水利水电出版社,1998.
[175] 黄河防总. 黄河下游防汛抢险技术资料汇编[G]. 郑州:黄河水利委员会,2000.
[176] 张金良,孙振谦. 黄河防汛基本资料[R]. 郑州:黄河防总办公室,2002.
[177] 顾慰慈. 渗流计算原理及应用[M]. 北京:中国建材工业出版社,2000.
[178] 中华人民共和国水利部. GB 50286—98 堤防工程设计规范[S]. 北京:中国计划出版社,1994.
[179] 钱家欢,殷宗泽. 土工原理与计算[M]. 2 版. 北京:中国水利水电出版社,1996.
[180] 朱伯芳. 有限单元法原理与应用[M]. 北京:中国水利水电出版社,1998.
[181] 周志芳,王锦国. 裂隙介质水动力学[M]. 北京:中国水利水电出版社,2004.
[182] 中华人民共和国水利部. GB 50287—99 水利水电工程地质勘察规范[S]. 北京:中国水利水电出版社,1999.
[183] 周志芳. 黄河流域地质特征及其环境生态系统演化规律研究[R]. 南京:河海大学,2004.
[184] 王雷. 中国历史未解之谜全记录[M]. 北京:京华出版社,2004.
[185] 戴逸,龚书铎. 中国通史[M]. 郑州:海燕出版社,2002.
[186] 钱宁,万兆惠. 泥沙运动力学[M]. 北京:科学出版社,2003.
[187] 华东水利学院,等. 河流动力学[M]. 北京:人民交通出版社,1981.